电网企业一线员工作业一本通

输电线路无人机现场巡检

国网浙江省电力公司　组编

中国电力出版社
CHINA ELECTRIC POWER PRESS

内 容 提 要

本书为“电网企业一线员工作业一本通”丛书之《输电线路无人机现场巡检》分册，围绕作业安全、作业准备、现场作业、归档、异常处理、典型应用六个方面，将小型无人直升机和固定翼无人机巡检作业的操作流程进行了标准固化，并对应用小型无人直升机和固定翼无人机的日常巡检和应急巡查进行了规范。

本书可供输电部门基层管理者和一线员工培训及自学使用。

图书在版编目（CIP）数据

输电线路无人机现场巡检 / 国网浙江省电力公司组编. — 北京：中国电力出版社，2016.12（2018.1 重印）
（电网企业一线员工作业一本通）
ISBN 978-7-5123-9735-4

Ⅰ. ①输… Ⅱ. ①国… Ⅲ. ①无人驾驶飞机 – 应用 – 输电线路 – 巡回检测 Ⅳ. ①TM726

中国版本图书馆CIP数据核字（2016）第209597号

中国电力出版社出版、发行
（北京市东城区北京站西街19号 100005 http://www.cepp.sgcc.com.cn）
北京九天众诚印刷有限公司印刷
各地新华书店经售
*
2016年12月第一版　2018年1月北京第三次印刷
787毫米 × 1092毫米　32开本　6.5印张　155千字
定价**34.00**元

编 委 会

编 写 组

组　长　高朝霞

副组长　姜文东　黄建峰

成　员　丁　建　徐　晶　徐　塑　徐　雄　刘博强　陈　玺
曾　东　徐　军　颜奕俊　姜　慧　张　玄　陈　俊
王志勇　宋　健　冯俊杰　苏良智　姜云土　余向森
童志刚　魏文力　王　彬

丛书序

国网浙江省电力公司正在国家电网公司领导下，以“两个率先”的精神全面建设“一强三优”现代公司。建设一支技术技能精湛、操作标准规范、服务理念先进的一线技能人员队伍是实现“两个一流”的必然要求和有力支撑。

2013年，国网浙江省电力公司组织编写了“电力营销一线员工作业一本通”丛书，受到了公司系统营销岗位员工的一致好评，并形成了一定的品牌效应。2016年，国网浙江省电力公司将“一本通”拓展到电网运检、调控业务，形成了“电网企业一线员工作业一本通”丛书。

“电网企业一线员工作业一本通”丛书的编写，是为了将管理制度与技术规范落地，把标准规范整合、翻译成一线员工看得懂、记得住、可执行的操作手册，以不断提高员工操作技能和供电服务水平。丛书主要体现了以下特点：

一是内容涵盖全，业务流程清晰。其内容涵盖了营销稽查、变电站智能巡检机器人现场运维、特高压直流保护与控制运维等近30项生产一线主要专项业务或操作，对作业准备、现场作业、应急处理等事项进行了翔实描述，工作要点明确、步骤清晰、流程规范。

二是标准规范，注重实效。书中内容均符合国家、行业或国家电网公司颁布的标准规范，结合生产实际，体现最新操作要求、操作规范和操作工艺。一线员工均可以从中获得启发，举一反三，不断提升操作规范性和安全性。

三是图文并茂，生动易学。丛书内容全部通过现场操作实景照片、简明漫画、操作流程图及简要文字说明等一线员工喜闻乐见的方式展现，使“一本通”真正成为大家的口袋书、工具书。

最后，向“电网企业一线员工作业一本通”丛书的出版表示诚挚的祝贺，向付出辛勤劳动的编写人员表示衷心的感谢!

国网浙江省电力公司总经理　肖世杰

前　言

为了全面推进输电线路无人机巡检工作，进一步规范小型无人直升机和固定翼无人机的标准化操作流程，提高小型无人直升机和固定翼无人机操作员的基本技能，提升输电线路小型无人直升机和固定翼无人机巡检应用水平，国网浙江省电力公司组织全省无人机操作的技术能手，本着“安全、规范、实用”的原则，编写了《输电线路无人机现场巡检》分册。

本书编写组结合输电线路无人机现场巡检作业岗位的特点，紧扣现场巡检作业特点，从安全注意事项、作业前准备、现场作业、归档处理、异常处理、典型应用六个方面，编写本书。

同时，为了突出本书的现场实用性，对本书中的所有操作环节均在现场进行过反复演练，确保可操作性。

本书的编写得到了上级主管部门的大力支持，在此谨向参与本书编写、研讨、审稿、业务指导的各位领导、专家和有关单位致以诚挚的感谢！

由于编者水平有限，疏漏之处在所难免，恳请读者提出宝贵意见。

本书编写组

2016年7月

目　录

固定翼无人机

小型无人直升机

Part 1

安全篇以小型无人直升机安全操作的基本前提为主要内容，旨在明确小型无人直升机巡检作业基本条件。

本篇主要包括作业基本准则、人员配置、设备要求、环境条件、作业安全，对小型无人直升机安全巡检提出了规范化的要求。

安全篇

一 作业基本准则

（一）八禁八步

无人机巡检作业必须遵守的“八禁、八步”。

“八禁”	“八步”
禁止恶劣天气强行作业；	两交一查，落实预控；
禁止无票无指导书操作；	检查设备，确定状态；
禁止未经许可开展工作；	现场交底，核对命名；
禁止无证人员上岗作业；	规范操作，流程作业；
禁止飞行器未检验作业；	作业结束，质量自查；
禁止未经资料校核作业；	清理现场，核查器具；
禁止违反额定参数作业；	工作终结，完成上报；
禁止作业人员酒后作业。	填好记录，班后小结。

无人机巡检作业“八禁”“八步”

（二）规范用语

1. 作业现场布置

（1）工作负责人：“展开并检查设备。”

（2）飞控手：“无人机设备齐备、完好。”

（3）程控手：“地面站设备齐备、完好。”

2. 飞行前检查

（1）工作负责人：“马达（或数传信号，图传信号）检查 / 操作”。

（2）飞控手 / 程控手：“马达（或数传信号，图传信号）检查 / 操作完毕，情况正常。”操作至启动马达步骤前。

（3）工作负责人记录相关信息：“起飞工作准备就绪。天气 ××，温度：××℃，地面风速 ××m/s。满足无人机巡检作业条件。”

3. 巡检作业

（1）工作负责人发令：“开始起飞！”

（2）飞控手 / 程控手：“起飞 / 起飞正常。”

程控手宣读命令	释义	飞控手复诵命令
起飞	无人机释放马达，控制无人机起飞	已经起飞
开始执行航线飞行	开始执行预设航线	已切入飞行航线
加油 × 米	无人机向飞机上方升高	已加油 × 米
减油 × 米	无人机向飞机下方降低	已减油 × 米
拉杆 × 米	无人机向飞机后方飞行	已拉杆 × 米
推杆 × 米	无人机向飞机前方飞行	已推杆 × 米
左滚 × 米	无人机水平向左侧移动（副翼）	已左滚 × 米
右滚 × 米	无人机水平向右侧移动（副翼）	已右滚 × 米
左转（左旋舵）× 度	无人机原地左转	已左转（左旋舵）× 度

续表

程控手宣读命令	释义	飞控手复诵命令
右转（右旋舵）× 度	无人机原地右转	已右转（右旋舵）× 度
动力电压 × 伏	检查无人机动力电池	动力电压 × 伏
飞行高度 × 米	无人机的实际飞行高度	飞行高度 × 米
水平距离 × 米	距起飞点距离 × 米	水平距离 × 米
悬停拍照，拍摄 × 部件	无人机悬停进行拍照	已悬停，对 × 部件进行拍摄
任务完成，可以返航	按照预设航线返航	开始返航
中断任务，立即返航	按照预设航线返航	开始返航
开始降落	操控无人机平稳降落	降落完毕

二　人员配置

（1）使用小型无人直升机巡检系统进行的输电线路巡检作业，作业人员包括程控手和操控手各一名，其中一人兼任工作负责人。必要时，也可增设一名专职工作负责人。

（2）操控手须持有相关机型的厂家证，超视距飞行须同时具有“航空器拥有者及驾驶员协会”（AOPA）操作证。

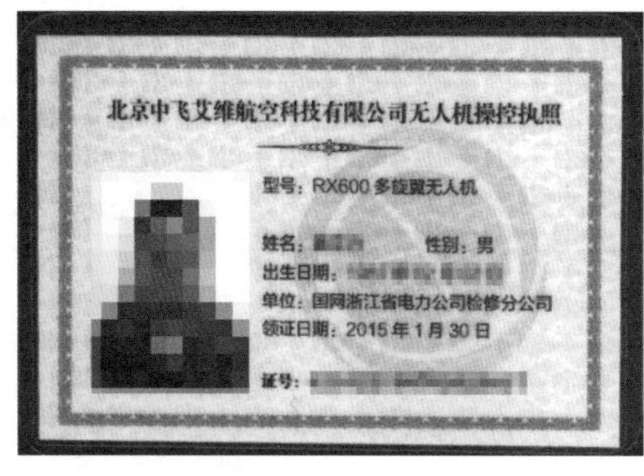

厂家操作许可证

AOPA 证

三 设备要求

（一）证件要求

投入使用的小型无人直升机巡检系统必须具备相关机型的国网检测报告、厂家出厂合格证与保险。

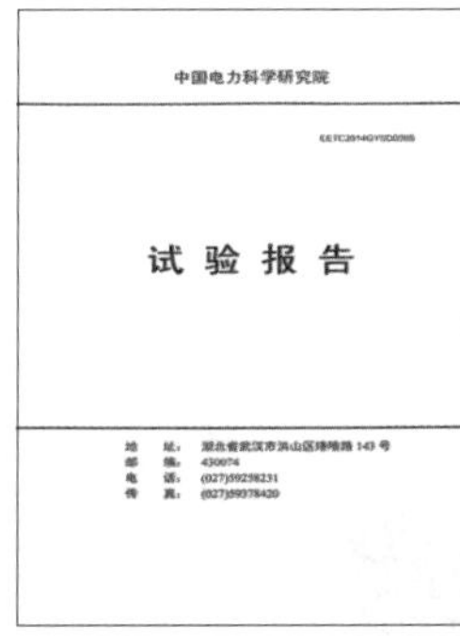

中国电力科学研究院

试 验 报 告

地　址：湖北省武汉市洪山区珞喻路 143 号
邮　编：430074
电　话：(027)59258231
传　真：(027)59378420

国网检测报告

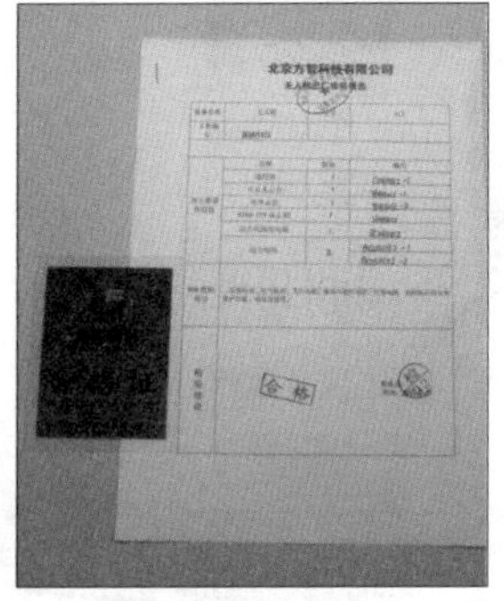

北京方智科技有限公司

合格

出厂合格证

保险照片

（二）定期维保

（1）无人机巡检系统应有专用库房进行存放和维护保养。存放的库房应保证阴凉，避免阳光直射，维持存放温度 25℃左右，湿度 60 ~ 70RH%。

无人机库房

电池存放箱

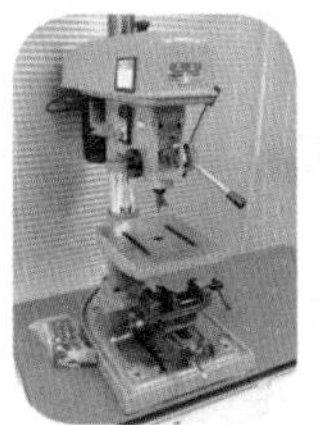

电动工器具

维修操作平台

（2）维护保养人员应根据各机型的维护保养手册要求按时开展日常维护、零件维修更换、大修保养和试验等工作。

无人机维护保养计划表

客户单位		现场负责人	
产品名称&型号	PVB-1303	联系电话	
维护保养计划时间	2014.12.25		

维护保养内容：

外观检查

无人机机体

1. 机体外壳有无破损及较深划痕 ✓
2. 螺旋桨有无破损 ✓
3. 马达转动是否有异响，轴承是否正常 ✓
4. 图传天线连接头是否破损松动 ✓
5. 数传天线连接头是否损坏松动 ✓

遥控器

6. 遥控器天线连接头是否损坏松动 ✓

地面站系统

7. 地面站数传天线连接头是否松动损坏 ✓
8. 图传全向天线连接头检查 ✓
9. 视频输出口测试 （连接视频眼镜进行测试） ✓
10. 定向天线支架有无损坏 ✓
11. 定向天线与电脑连接馈线连接头检查 ✓

数据检测

1. 开机检测遥控器电池电压 3.9 ✓ （3.6V—4.1V 正常）
2. 使用测电器对动力电池电压检测 （13.5V—16.8V 正常）

使用测电器检测动力电池单片电芯电压平衡 （单片电芯电压差<0.5V 正常）

电池检测结果：

编号	电池电压	单片电芯电压
1#	15.17 ✓	3.79, 3.79, 3.79, 3.79
2#	16.08 ✓	4.02, 4.03, 4.01, 4.01
3#	16.04 ✓	4.01, 4.02, 4.01, 4.00
4#	15.64 ✓	3.92, 3.91, 3.91, 3.90
5#		
6#		
7#		
8#		

3. 飞机在飞行5分钟后，各电子调速器电流及温度检测

（在微风情况下，单个马达电流不超过45A，单个电子调速器温度根据环境不同在0—80℃为正常。）

电子调速器检测结果：

编号	电子调速器电流	电子调速器温度
1#	8A	33
2#	6A	33
3#	10A	30
4#	11A	35

4. 下载飞机数据信息，通过软件读取飞机总的飞行架次并进行统计。

飞机编号 1303

飞机总飞行架次

（飞机飞行数据记录信息文件数量，每一个GPX文件对应一个飞行架次）

飞机使用时间______

（飞机飞行数据记录信息第一个飞行日志产生时间到最后一个飞行日志产生的时间差）

飞行测试项

1. 手动飞行测试起飞降落 （2）
2. 飞机位置保持功能测试（需采集影像资料存档）

位置保持时环境风速度 0.1m/s

位置保持时飞机偏移晃动位移距离

3. 飞机飞行过程中挂载测试

拍照测试 正常 （手动拍照5张，无黑框，照片清晰为正常）

摄像测试 正常 （摄像3分钟，摄像清晰无明显抖动为正常）

红外可见光切换测试 正常 （红外可见光切换5次每次间隔3秒以上，无卡顿正常）

数据采集

1 用户在使用过程中拍摄的影像数据资料收集 ✓

2 飞机内部SD储存所有的飞行数据资料的采集 ✓

备注：以上测试项如XXX需现场维修，需如实填写无人机维修记录单，并做好相关影像资料的采集工作并存档。

无法现场解决或已解决问题，需如实填写无人机问题反馈单，回公司存档。

服务人员签字： 用户签字：

Hotline 400-870-1088

维修保养手册

（3）每次巡检作业结束后，应填写所用无人机巡检系统使用记录单，记录无人机巡检系统作业表现及当前状态等信息交维护保养人员。

架空输电线路无人机巡检系统使用记录单

编号：＿＿＿＿＿＿　　　　　　　　　　巡检时间：＿＿＿＿年＿＿月＿＿日

使用机型							
巡检线路		天气		风速		气温	
工作负责人				工作许可人			
操控手		程控手		任务手		机务	
架次				飞行时长			
1. 系统状态							
2. 航线信息							
3. 其他							

记录人（签名）:＿＿＿＿＿＿　　　　　　　　工作负责人（签名）:＿＿＿＿＿＿

（4）无人机巡检系统所用电池应按要求进行充、放电、性能检测等维护保养工作，确保电池性能良好。

单片锂电芯正常电压范围（V）	3.5～4.2
单片锂电芯充电电流（C）	电池容量的0.5～1倍
单片锂电芯储存电压范围（V）	3.7～3.9

必须等锂电池完全冷却才可以充电，尽量减少快速充电的次数，充满电的锂电池最好在 24h 内使用。

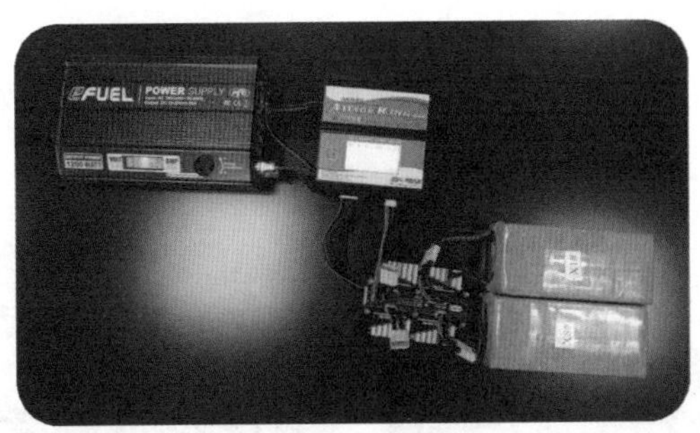

锂电池与充电器

四 环境条件

（一）气象环境

（1）风力不大于 5 级风（10m/s，新手可控的风速在 4m/s 左右）。

（2）天气情况保证阴天以上，能见度大于 200m，温度 0～40℃。

（二）地理环境

（1）起降场地应选择平坦（2m×2m）且能接收到 GPS 信号，GPS 卫星颗数符合要求（一般为 5 颗，具体以厂家说明为准）。

典型起降场地

检查 GPS

（2）起降场地应远离公路、铁路、重要建筑、设施及禁飞区域和人员活动密集区。

禁止起降场地

五 作业安全

（1）使用无人机巡检作业时，应按照作业指导书的指示，严格遵守操作规程，明确该机型的操作步骤。

（2）起飞和降落时，现场所有人员应与无人机巡检系统始终保持足够的安全距离，作业人员不得站于无人机起飞和降落航线下。

（3）巡检作业现场所有人员均应正确佩戴安全帽和穿戴个人防护用品。

（4）遇雨雪天气，禁止飞行。

以上天气禁止飞行

（5）飞行操作现场设置的安全围栏内严禁无关人员参观及逗留，禁止任何无关人员对整套小型无人直升机巡检系统操作。

严禁无关人员逗留

注意无线电干扰

（6）现场禁止使用可能对无人机巡检系统通信链路造成干扰的电子设备。

（7）工作前 8h 及工作过程中严禁饮用任何酒精类饮品。

作业前禁止饮酒

（8）应始终保持通视状态。

（9）不应采用手动飞行模式在巡检作业点进行巡检作业。可采用自主或增稳飞行模式飞至巡检作业点，然后以增稳模式进行巡检作业。

（10）不可长时间在设备正上方悬停，不可在重要建筑及设施、公路和铁路等的正上方悬停。

禁止在以上区域长时间悬停

（11）巡检作业时，小型无人直升机巡检系统距带电设备距离不得小于5m，距周边障碍物距离不得小于10m。

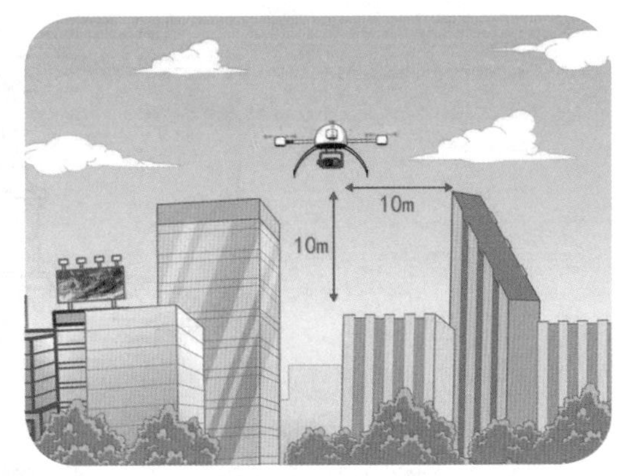

注意保持安全距离

Part 2

作业准备篇以小型无人直升机巡检作业的前期准备工作为主要内容，旨在规范巡检作业准备这一环节的基本流程。本篇主要包括资料收集、现场踏勘、航线规划、空域申报、三措一案、工作票签发、设备检查、出库、运输，对小型无人直升机巡检作业准备提出了具体的要求。

作业准备篇

一　资料收集

巡检作业前应收集所需巡检线路的设备信息、运行信息以及地理环境、气象等相关资料，便于及时掌握线路设备状态和通道状态。

（1）作业人员通过基础资料（杆塔明细表或者线路专档）查看所巡检线路设备的信息。

杆塔					绝缘子										
型号	全高	档距(m)	耐张段(m)/代表档距	转角（度分秒）	型号	导线金具图号	数量（相*串*个）	污秽等级	爬电比距要求	爬电比距配置	参数（结构高度*爬距*盘径）	串型	生产厂家	投运日期	
SKJ1/48	78	404		右2.15.48	XWP-420 FXBW-500/120-3	N3 N3	3*2*283*2* 3*1*1	D1	2.8	3.05 3.00	205*550*380 4900*16000	水平串	大连电瓷集团股份有限公司 襄樊国网合成绝缘子有限责任公司	2014.10.16	N
SKT1/54	85	465	1255/422		XWP-210	X3 X4	3*1*28	D1	2.8	3.05	170*345*340	V串	大连电瓷集团股份有限公司	2014.10.16	
SKT1/54	85	386		右0.53.00	XWP-160	X1 X2	3*1*30	D1	2.8	3.27	155*545*330	V串	大连电瓷集团股份有限公司	2014.10.16	
SJT2/36	66	423	423/423	右16.17.49	XWP-420 FXBW-500/120-3	N3 N3	3*2*283*2* 3*1*1	D1	2.8	3.05 3.00	205*550*380 4900*16000	水平串	大连电瓷集团股份有限公司 襄樊国网合成绝缘子有限责任公司	2014.10.16	N
SJT3/36	66	298	298/298	左43.14.01	XWP-420 FXBW-500/120-3	N3 N3	3*2*283*2* 3*1*1	D1	2.8	3.05 3.00	205*550*380 4900*16000	水平串	大连电瓷集团股份有限公司 襄樊国网合成绝缘子有限责任公司	2014.10.16	N
SKJ1/54	84			右14.36.21	XWP-420	N3 N3	3*2*283*2*	D1	2.8	3.05	205*550*380	水平串	大连电瓷集团股份有限公司 襄樊国网合成绝缘子有限责任	2014.10.16	N

线路杆塔明细表

500kV湖店5440线说明

国网嘉兴供电公司输电运检室 **更新日期：2015年5月15日**

1 线路概述

1.1 线路概况

500kV湖店5440线从500kV汾湖变起至500kV王店变止。该段线路全长33.255km，全线双回路架设；杆塔总基数：86基，其中双回路耐张塔33基，双回路直线塔53基。线路投运于2014-10-16 。

1.2 线路单、双回路架设情况

1.2.1 双回路架设：汾湖变~王店变为双回路架空线路，线路长度为33.255km，本线路在右侧，左侧为湖店5440线。

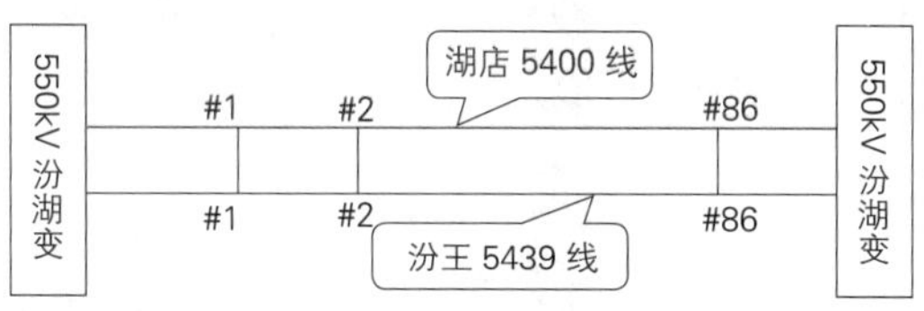

1.3 线路色标

湖店5440线的色标为：蓝底白字

1.4 设计、施工、监理单位

施工单位：浙江省送变电工程公司。工程监理单位为：浙江电力建设监理有限公司，设计单位为：华东电力设计院。

1.5 主要设备生产厂家

导线：汾湖变-#9：上海中天耐热型铝合金；#9～王店变：江苏省远东电缆有限公司

地线：地线是绍兴电力设备有限公司；OPGW是江苏省中天日立光缆有限公司

杆塔：铁塔是常熟风范电力设备股份有限公司

绝缘子：合成绝缘子是襄樊国网合成绝缘子有限责任公司，NGK唐山电瓷有限公司；玻璃绝缘子是四川自贡塞迪威尔钢化玻璃绝缘子有限公司；悬式瓷绝缘子是大连电瓷集团股份有限公司；长棒型瓷绝缘子是比彼西（无锡）绝缘子有限公司

金具：浙江金塔电力线路器材有限公司

2 线路路径走向

2.1 线路前进方向

线路专档

（2）作业人员通过 PMS 系统查看巡检线路区段已发现的缺陷。

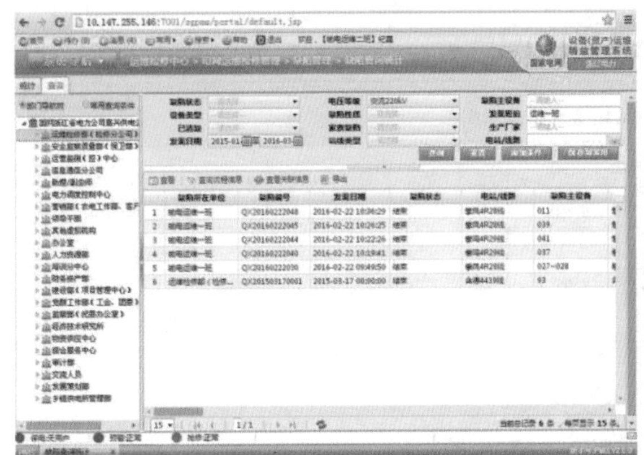

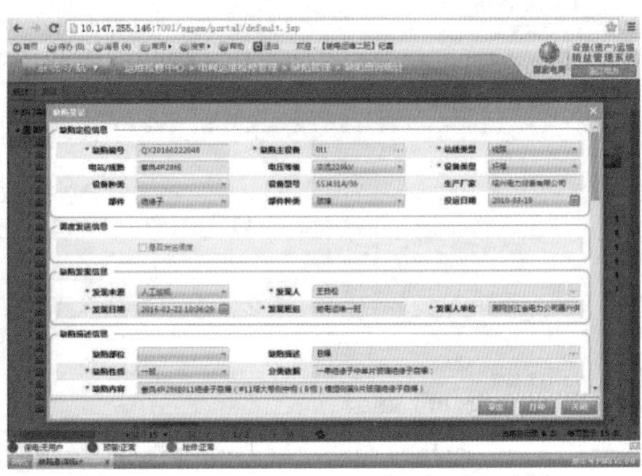

查看 PMS 系统

（3）作业人员通过 PMS 系统查看巡检线路区段的通道隐患信息（危险点）。

查看隐患信息

（4）作业人员查看巡检线路区段的交跨信息。

	交跨ID	线路名称	杆号	档距/代表档距	交跨大类	跨越小类	被交跨物详细情况	上跨	下穿	测量值L(m)	测量值h(m)	测量值T(℃)	允许值(m)	换算40℃数值(m)	换算40℃判定	换算70℃数值	换算70℃判定	测量方法	核对人	测量日期	设备编号	备注
2		湖进4Q28线	汾湖变门架 - 1#		河流	河流	河流		下穿	30	18	23		17.15	合格	15.7	合格	目测	朱金明	2015年5月		
3		湖进4Q28线	1#-2#		树木	树木	香樟40棵		下穿	80	8	23		7.15	合格	5.65	合格	目测	朱金明	2015年5月		
4		湖进4Q28线	1#-2#		河流				下穿	82	18	23		17.15	合格	15.7	合格	目测	朱金明	2015年5月		
5		湖进4Q28线	1#-2#		建筑物	平房	机皋		下穿	160	10	23		9.15	合格	7.65	合格	目测	朱金明	2015年5月		
6		湖进4Q28线	1#-2#		电力线	380V电力线	380V电力线		下穿	170	10	23		9.15	合格	7.65	合格	目测	朱金明	2015年5月		
7		湖进4Q28线	1#-2#		公路	公路	村水泥路		下穿	175	10	23		9.15	合格	7.65	合格	目测	朱金明	2015年5月		
8		湖进4Q28线	1# - 2#		通讯线	通讯线	通讯线、电话线两杆		下穿	200	10	23		9.15	合格	7.65	合格	目测	朱金明	2015年5月		
11		湖进4Q28线	2# - 3#		电力线	380V电力线	380V电力线		下穿	90	10	23		9.15	合格	7.65	合格	目测	朱金明	2015年5月		
12		湖进4Q28线	2# - 3#		公路	公路	村水泥路		下穿	90	15	23		14.15	合格	12.7	合格	目测	朱金明	2015年5月		
13		湖进4Q28线	2#-3#		树木	树木	树木大片		下穿	95-150	15	23		14.15	合格	12.7	合格	目测	朱金明	2015年5月		
14		湖进4Q28线	3# - 4#		电力线	380V电力线	380V（魏-梅家坝-051支-08）；有线电视线（嘉善广电：4211999）		下穿	250	10	23	4	9.15	合格	7.65	合格	目测	朱金明	2015年5月		
15		湖进4Q28线	3# - 4#		通讯线	通讯线2条	通讯线2条		下穿	253,254	10	23	4	9.15	合格	7.65	合格	目测	朱金明	2015年5月		
16		湖进4Q28线	4# - 5#		公路	一般公路	水泥路		下穿	5	12	23	8	11.15	合格	9.65	合格	目测	朱金明	2015年5月		
17		湖进4Q28线	4# - 5#		河流	不通航河流	小河流		下穿	15	15	23	7	14.15	合格	12.7	合格	目测	朱金明	2015年5月		
18		湖进4Q28线	4# - 5#		电力线	380V电力线	380V		下穿	220	8	23	4	7.15	合格	5.65	合格	目测	朱金明	2015年5月		
19		湖进4Q28线	4# - 5#		河流	不通航河流	小河流		下穿	250	15	23	7	14.15	合格	12.7	合格	目测	朱金明	2015年5月		
20		湖进4Q28线	5# - 6#		其它	其它	大棚6只		下穿	20-170	10	23	6	9.15	合格	7.65	合格	目测	朱金明	2015年5月		
21		湖进4Q28线	5# - 6#		通讯线	通讯线	通讯线		下穿	70	10	23	4	9.15	合格	7.65	合格	目测	朱金明	2015年5月		
22		湖进4Q28线	5# - 6#		其它	其它	甲鱼房线路右侧约3M		下穿	170	10	23	6	9.15	合格	7.65	合格	目测	朱金明	2015年5月		
23		湖进4Q28线	5# - 6#		其它	其它	甲鱼棚一只		下穿	220	10	23	6	9.15	合格	7.65	合格	目测	朱金明	2015年5月		
24		湖进4Q28线	5# - 6#		电力线	380V电力线	380V（徐介浜台区：沈介荡分线#4）；有线电视线		下穿	200	10	23	4	9.15	合格	7.65	合格	目测	朱金明	2015年5月		
25		湖进4Q28线	6# - 7#		公路	一般公路	水泥路		下穿	10	20	23	8	19.15	合格	17.7	合格	目测	朱金明	2015年5月		
26		湖进4Q28线	6# - 7#		其它	其它	大棚七只		下穿	15-50	10	23	6	9.15	合格	7.65	合格	目测	朱金明	2015年5月		
27		湖进4Q28线	6# - 7#		通讯线	有线电视线	有线电视线		下穿	80	10	23	4	9.15	合格	7.65	合格	目测	朱金明	2015年5月		
28		湖进4Q28线	6# - 7#		其它	其它	大棚20只		下穿	90-270	10	23	6	9.15	合格	7.65	合格	目测	朱金明	2015年5月		
29		湖进4Q28线	6# - 7#		公路	一般公路	水泥路		下穿	300	18	23	8	17.15	合格	15.7	合格	目测	朱金明	2015年5月		
30		湖进4Q28线	7# - 8#		通讯线	通讯线	通讯线		下穿	90	10	23	4	9.15	合格	7.65	合格	目测	朱金明	2015年5月		
31		湖进4Q28线	7# - 8#		树木	树木	水杉8棵		下穿	100,200	7	23	4.5	6.15	合格	4.65	合格	仪测	朱金明	2015年5月		
32		湖进4Q28线	7# - 8#		村水泥路	村水泥路	村水泥路		下穿	105	12	23	8	11.15	合格	9.65	合格	目测	朱金明	2015年5月		
33		湖进4Q28线	7# - 8#		电力线	380V电力线	380V（塘浜台区：塘浜干线#6）；有线电视线T接两杆		下穿	115	10	23	4	9.15	合格	7.65	合格	目测	朱金明	2015年5月		

查询交跨信息

（5）作业人员查看巡检线路区段的地理位置和周边环境，通过 GIS 系统定位巡检线路区段，通过地图查看具体所处位置和杆塔周围的环境。

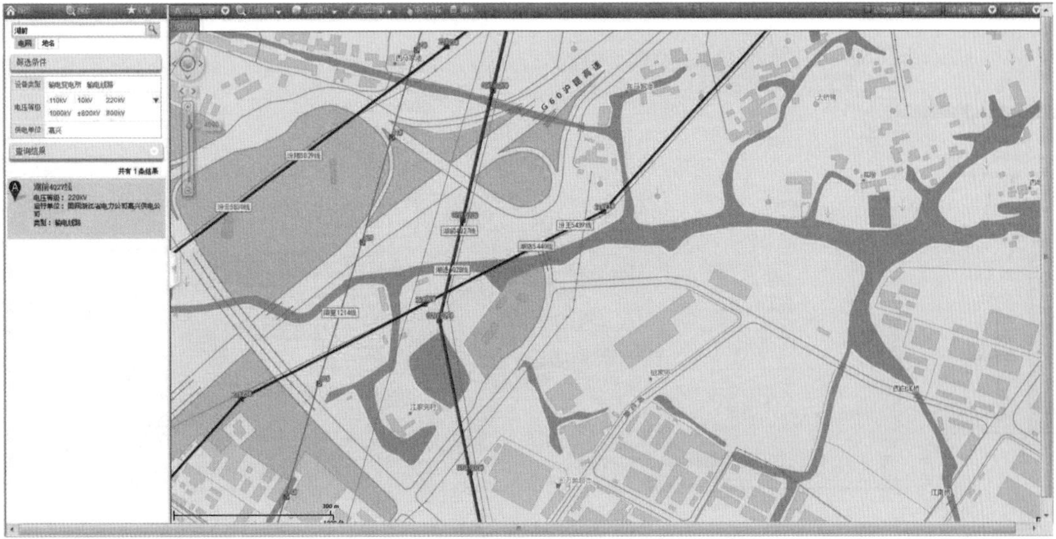

查看线路所处地域

（6）作业人员通过 GIS 系统（或外网网页）查看巡检线路区段所属区域的气象信息。

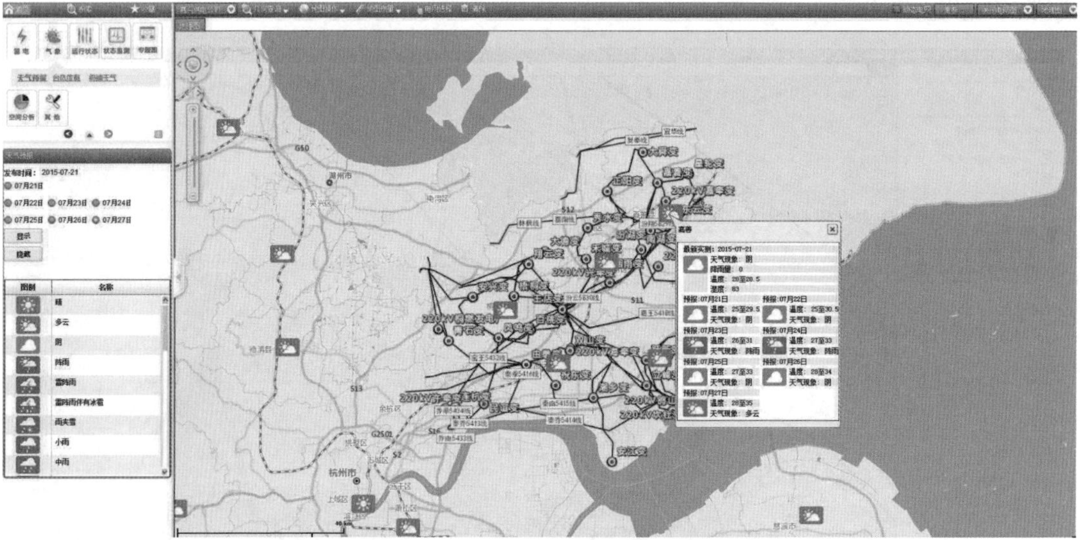

查询作业区域气象信息

二 现场踏勘

勘查内容包括地形地貌、线路走向、气象条件、空域条件、交跨情况、杆塔坐标、起降环境、交通条件及其他危险点等。特别是根据资料查询结果，对于沿线输电线路密集、交跨物多或者地形复杂的巡检线路区段，应开展现场勘查，对现场勘查认为危险性、复杂性较大的小型无人直升机巡检作业，应专门编制组织措施、技术措施、安全措施，并履行相关审批手续。勘查内容主要有：

1. 起降点选择

根据现场地形条件选定小型无人直升机起飞点及降落点，起降点四周应空旷，航线范围内无超高物体（建筑物、高山等）。小型无人直升机起降点的面积要求：至少 2m × 2m 左右的平整地面。

2. 现场测量交跨距离

利用激光测距仪测量上跨或下穿的电力线路、通信线、树木等跨越物与被巡检线路的距离，为航线规划和现场飞行提供数据。

测量交跨距离

3. 填写现场勘察记录

根据现场勘察情况填写勘察记录，绘制现场草图，包括交跨位置、地形环境等。

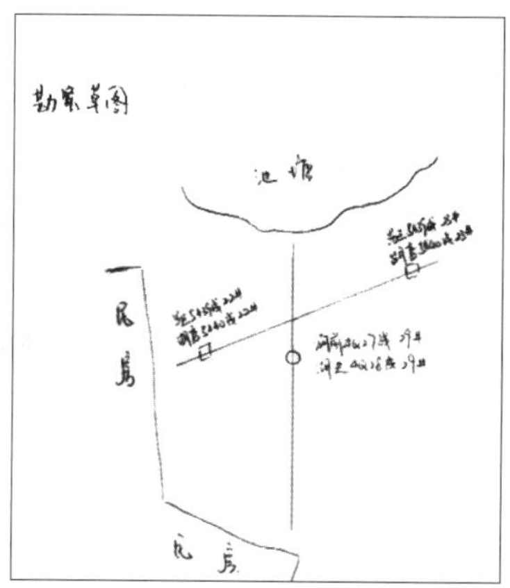

现场勘察

三 航线规划

（1）下载一张某条线路某个区段的地理图，在上面绘制起降点、巡检航线以及备注特殊点（如高速公路、高铁、通航河流、110kV 及以上等重要交跨、房屋等）。

（2）已经实际飞行的航线应及时存档，并标注特殊区段信息（线路施工、工程建设及其他影响飞行安全的区段），建立巡检作业航线库。航线库应根据作业实际情况及时更新。

四 空域申报

向相关部门报备巡检计划。小型无人直升机巡检作业飞行高度 120m 以下、500m 范围内的可视飞行无需向相关部门报备。

空域使用报备

五 三措一案

1. 组织措施

工作负责人根据工作复杂情况及现场情况，合理选择作业人员，作业人员应身体健康、精神状态良好，无妨碍作业的生理和心理障碍。作业前 8h 及作业过程中严禁饮用任何酒精类饮品。

2. 技术措施

编制架空输电线路小型无人直升机巡检作业任务单和巡检作业卡，由工作任务单签发人审核签发。其内容主要包括：适用范围、编制依据、工作准备、操作流程、操作步骤、安全措施、所需工器具。

小型无人直升机巡检作业卡

线路名称		风险等级		设备编号	
工作任务				执行时间	
工作班组	工作负责人			杆塔号	
天气		风向		风速	
系统状态		根据线路杆塔 GPS 坐标情况、太阳光照射强度与方向、档距大小等确定合适的飞行方案，根据巡视周围情况确定合适的飞行模式（姿态控制 /GPS 控制）			
		小型无人直升机巡检系统对线路设备或通道环境进行单点巡检时，应始终在目视可见范围内进行作业，且保持通视状态。可采用自主或增稳飞行模式飞至巡检作业点，然后以增稳模式进行巡检作业。小型无人直升机巡检系统距线路设备水平距离应大于 10m，距周边障碍物距离大于 10m			
		地面站监控人员和无人机操纵者相互协调配合，对杆塔线路进行针对性图像数据采集			
		禁止任何无关人员对整套系统操作，避免意外发生			

续表

执行步骤				
流程	序号	工作项目	主要控制内容	控制情况（√）
起飞准备	1	装设围栏	选好无人机起降地点，需要平坦且能接收到 GPS 信号	
			使用围栏或其他保护措施，起飞区域内禁止行人和其他无关人员逗留	
	2	设备开启	无人机组装	
			打开地面控制站，安装天线	
			打开地面站软件	
			打开遥控手柄开关	
			安装电池，并接通电源，30s 内禁止遥控器操作	
			进行无人机初始化操作	
	3	起飞检查	检查无人机外观及整体结构正常	
			检查地面站电压	电压 V
			检查无人机电池电压是否符合该机型起飞要求	电压 V
			检查 SD 卡有足够容量，并插入卡槽	
			检查无人机各信息正常、视频信号正常	
			云台中立校正，调节可见光设备镜头位置及焦距至恰当位置	
			检查遥控手柄上方屏幕显示正确，无异常报警信号	
			检查遥控手柄各功能开关位置正确及电压	电压 V
			检查 GPS 卫星锁定大于 5 颗，并记录无人机航向	航向 °
			地面站人员利用测距仪，观察目标区域杆塔线路距离	距离 m
			撤离人员至 5m 之外，做好起飞准备	

续表

执行步骤				
流程	序号	工作项目	主要控制内容	控制情况（√）
起飞准备	4	起飞	轻压油门杆，启动电机，待电机自检完毕后，依次手动检查前后左右各电机转速是否正常：若正常则可继续飞行，若不正常则断电检查 通过功能开关选择飞行模式、拍照设定，结合地面站监控软件，调整相机云台等操作，飞行准备就绪，可以起飞	
			地面站工作人员记录起飞时间	时间
	5	设备巡检	地面站工作人员观察飞行过程的视频图像，引导操控人员将无人机飞至目标区域，调整航向、高度及云台角度，引导操控人员进行拍摄目标图像	
			操控人员根据无人机飞行状态以锁定的飞行模式操控飞机，保持平稳姿态，同时避免周围障碍物	
	6	降落	完成拍摄任务，操控人员操作无人机返航	
			在规定区域内安稳降落	
			无人机着陆并关闭马达	

续表

执行步骤				
流程	序号	工作项目	主要控制内容	控制情况（√）
飞后检查和收纳	7	飞后检查和收纳	记录着陆时间	时间
			记录电池电压	电压　　V
			断开电池连接	
			关闭遥控手柄开关	
			关闭地面站电源	
			复制 SD 卡内巡检照片，并检查照片是否满足巡检要求，如未能清晰拍摄目标图像，则更换动力电池重新进行任务	
			整理无人机、电池、遥控器等，归入各自箱体，并清点工器具，清理工作现场，工作完毕	
	8	记录归档	填报巡检记录和巡检报告，汇报巡检结果	

工作人员签名	操控人		程控手		工作负责人	

3. 安全措施

作业前应进行任务交底，使工作组全体人员明确作业内容工作危险点、预控措施及技术措施，操作人员须熟知作业内容和作业步骤。

4. 应急预案

根据现场勘查记录编制小型无人直升机巡检作业应编制异常处置应急预案（或现场处置方案），并开展现场演练。

现场作业执行“三措一案”

六 工作票签发

编制工作票，确定工作负责人、工作人员、巡检范围和内容、工作要求、工作措施、工作时间等。

架空输电线路无人机巡检系统使用记录单

单位 ____________ 编号 ____________

1. 工作负责人 ______________ 工作许可人 ______________

2. 工作班

工作班成员（不包括工作负责人）：____

3. 无人机巡检系统型号及组成：____

4. 起飞地点、降落地点及巡检线路：____

____

5. 工作任务：

巡检线段及杆号	工作内容

6. 审批的空域范围：____

7．计划工作时间：______________________________

自__________年______月______日______时______分　　至__________年______月______日______时______分

8．安全措施（必要时可附页绘图说明）：

8.1　飞行巡检安全措施：______________________________

____

____

____

8.2　安全策略：______________________________

____

____

8.3　其他安全措施和注意事项：______________________________

工作票签发人签名__________　　　　______年______月______日______时______分

工作负责人签名__________　　　　______年______月______日______时______分

9．确认本工作票1～8项，许可工作开始

许可方式	许可人	工作负责人	许可工作的时间
			______年______月______日______时______分

10．确认工作负责人布置的工作任务和安全措施

班组成员签名：______________________________

____

11．工作负责人变动情况

原工作负责人______________离去，变更______________为工作负责人。

工作票签发人签名__________　　　　______年______月______日______时______分

12．工作人员变动情况（变动人员姓名、日期及时间）

____

____

13．工作票延期

有效期延长到________年_____月_____日_____时_____分

工作负责人签名____________ ________年_____月_____日_____时_____分

工作许可人签名____________ ________年_____月_____日_____时_____分

14．工作间断

工作间断时间________年_____月_____日_____时_____分

工作负责人签名____________ ________年_____月_____日_____时_____分

工作许可人签名____________ ________年_____月_____日_____时_____分

工作恢复时间________年_____月_____日_____时_____分

工作负责人签名____________ ________年_____月_____日_____时_____分

工作许可人签名____________ ________年_____月_____日_____时_____分

15．工作终结

无人机巡检系统撤收完毕，现场清理完毕，工作于____________年_____月_____日_____时_____分结束。

工作负责人________年_____月_____日_____时_____分向工作许可人_____用________方式汇报。

无人机巡检系统状况：

____

____

16．备注

（1）指定专责监护人__________ 负责监护______________________________

____（人员、地点及具体工作）

（2）其他事项____

七 设备检查、出库、运输

1. 设备检查

巡检出发前，应对无人机及附属设备进行检查，检查内容按照《小型无人直升机巡检飞行前检查工作单》中各项内容逐一检查并做好记录。

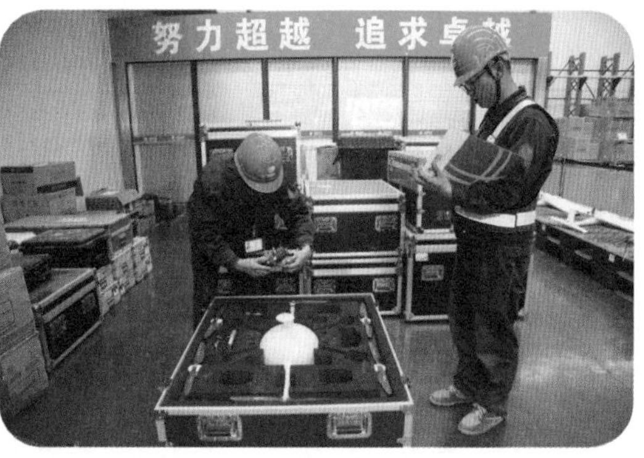

小型无人直升机巡检飞行前检查工作单

序号	检查内容	检查确认
1. 现场环境及地面站检查		
1.1	使用风速仪检查风速是否超过限值。	
1.2	使用测频仪检查起降点四周是否存在同频率信号干扰	
1.3	评估微地形（垭口、山区、连续上下坡）是否存在上升、下降气流等对飞行安全存在隐患的情况	
1.4	架设遥控、遥测天线，并检查连接可靠	
1.5	其它	
	检查人签名	
2. 无人直升机系统检查		
2.1	机体检查	
2.2	发动机检查	
2.3	电气检查	
2.4	其它	
	检查人签名	
3. 任务载荷系统检查		
3.1	任务设备中相机、摄相机红外热成像仪等设备正常，电池电量充足	
3.2	任务设备与无人直升机电气连接检查	
3.3	开机后任务设备操控是否正常	
3.4	其它	
	检查人签名	
4. 测控系统检查		
4.1	地面测控设备检查	
4.2	开机后测控系统上、下行数据检查	
4.3	其它	
	检查人签名	
以上地面站架设及各系统检查完毕，确认无误，工作负责人签名后方可起飞作业	工作负责人	

出库检查

2. 出库

制定作业所需设备清单，并填写出库记录表。

序号	名称	型号	单位	数量	备注
1	机体	小型无人直升机	架	1	
2	地面控制站	地面控制站	台	1	
3	数传 / 图传天线	—	套	1/1	
4	遥控手柄	—	台	1	
5	云台	两轴自稳云台	台	1	
6	工作电池	电池电压根据各机型起飞电压要求配置	块	4	根据工作内容调整数量
7	电池电量测试器	—	台	1	
8	任务设备	可见光 / 红外	台	1/1	
9	警示围栏	—	副	1	作业区域安全围护
10	对讲机	—	个	2	
11	风速计	—	个	1	
12	充电设备	—	台	1	
13	个人工具包	安全防护用品及个人工器具	个	2	
注：工器具的配备应根据巡检现场情况进行调整					

设备清单

无人机巡检系统出入库单

无人机型号	GC-610	数量	1
出库检查	检查完备，无异常		
出库日期	2016. 4. 19	出库时间	9:00
领用人	[illegible]	审核人	[illegible]
入库检查			
入库日期		入库时间	
归还人		审核人	
备注			

出库登记

3. 设备运输

确保设备搬运、放置规范性，避免运输过程中产生对碰撞、抖动等引起设备损坏。

无人机运输

Part 3

现场作业篇以小型无人直升机巡检作业工作流程与注意事项为主要内容，旨在规范小型无人直升机现场巡检作业。本篇主要包括复核工作现场、现场交底、设备展开、飞前检查、飞行巡检、设备撤收、工作终结等七部分，对小型无人直升机巡检作业过程提出了规范化的要求。

现场作业篇

一 复核工作现场

（1）工作前对杆塔双重命名及杆塔号进行核对。

（2）对现场地形情况进行复核。

（3）工作许可。

1）许可方式为：当面汇报，电话许可，派人送达。

2）汇报内容包括已抵达 ×××× 线 ×× 杆塔工作现场，现场情况核对情况，无人机系统准备情况等。

现场工作许可

二 现场交底

1. 现场人员分工

（1）工作负责人：负责组织巡检工作开展。

（2）操控手：负责无人机操控，无专职工作负责人时兼任工作负责人。

（3）程控手：负责任务载荷操作、地面站数据监控。

工作前，工作负责人检查工作票所列安全措施；二交一查，包括交代工作任务、安全措施和技术措施，进行危险点告知，检查人员状况和工作准备情况。

全体工作班成员明确工作任务、安全措施、技术措施和危险点后在工作票上签字。

召开班前会

2. 现场气象条件测量

（1）使用风速仪检查风速是否超过限值。

（2）使用气温仪对环境气温进行检测，气温范围不得超过无人机说明书中规定的温度范围。

检查气象条件

三 设备展开

（1）设置工作围栏，设置功能区，功能区包括地面站操作区，无人机起飞降落区，工器具摆放区等，各功能区应有明显区分。将无人机巡检系统从机箱中取出，放置在各对应的功能区。

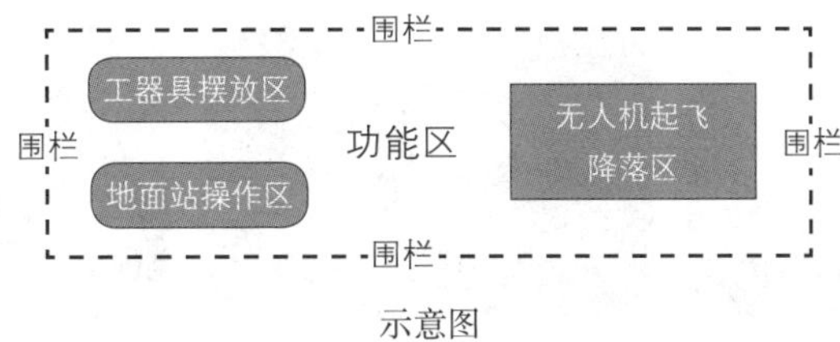

示意图

（2）架设地面站天线，地面站天线应无遮挡物遮挡，正确连接图传、数传天线，打开地面站软件。

展开设备

四 飞前检查

（1）检查无人机动力系统的电能储备，确认满足飞行巡检航程要求。锂聚合物电池充满状态为单片电压4.2V。在无人机巡检作业前单片电压应不小于3.8V。

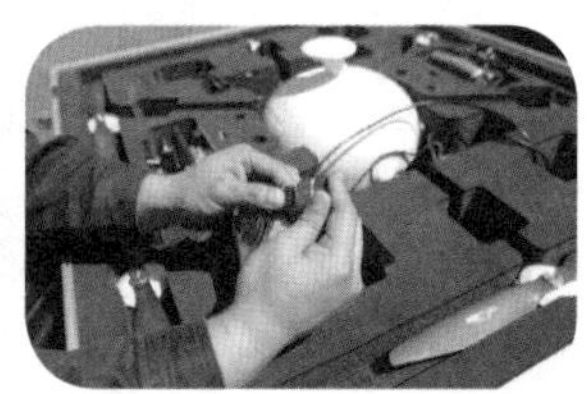

电池电量检测

（2）检查无人机机体内飞控系统各部位器件。

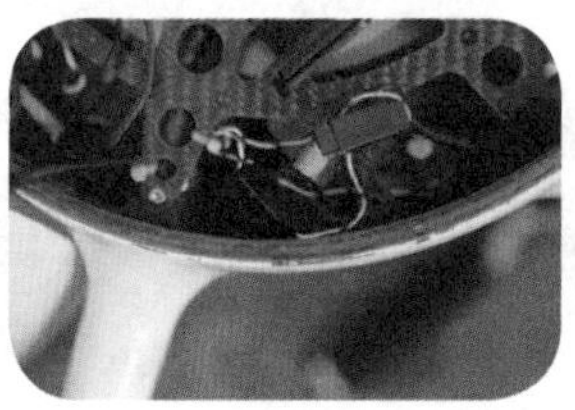
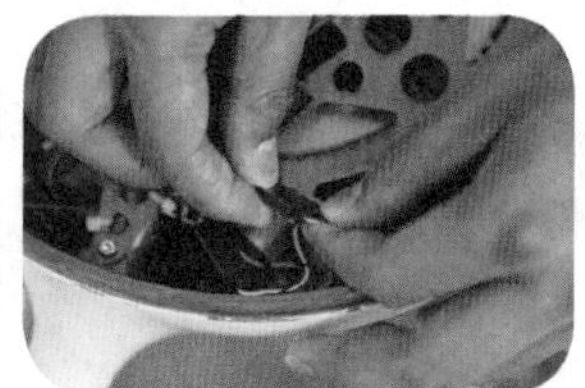

检查内部连线

（3）设置无人机及机身平衡调整。

1）将无人机放置在预设的起降地点。

放置无人机

2）打开机舱盖，安装电池并检查重心是否平衡。各旋翼臂长度上的重量需相等，各旋翼翼旋的重心要相等，重心应在平衡杆的中心上，通过调整，把旋转平面调整在水平面上。

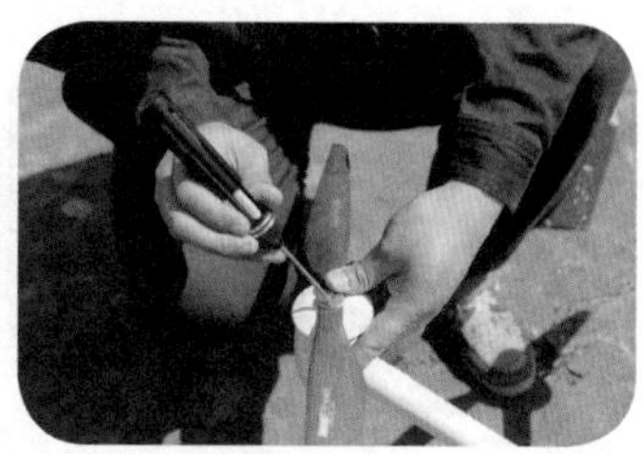

机体检查

（4）打开遥控器。

操控手确认遥控器所有功能开关关闭、油门杆处于最低位置，打开遥控器。

遥控器检查

（5）通电检查。

1）接通主控电源，操控手拨动遥控器模式开关检查飞行模式（手动、增稳和 GPS 模式，视无人机型号为准）切换是否正常，检查完成后接通动力电源，盖好机舱盖。

通电检查

2）对 GPS 信号进行检测，等待地面站及 GPS 指示灯反馈已搜索到的卫星数量。

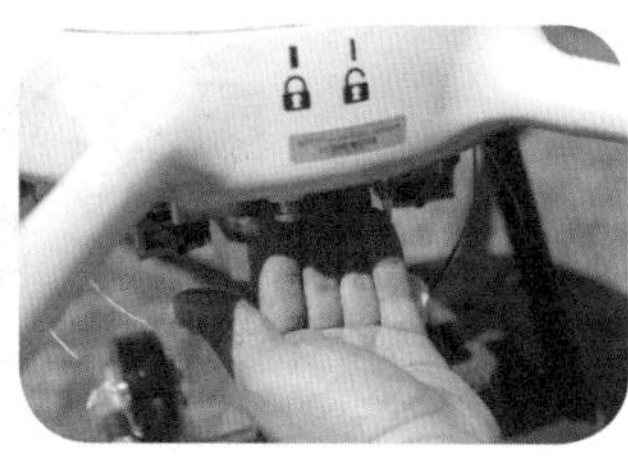

地面站 GPS 检查

3）对任务载荷进行检查，操纵云台查看姿态是否正常，图传及时反馈，没有水波纹及雪花纹。

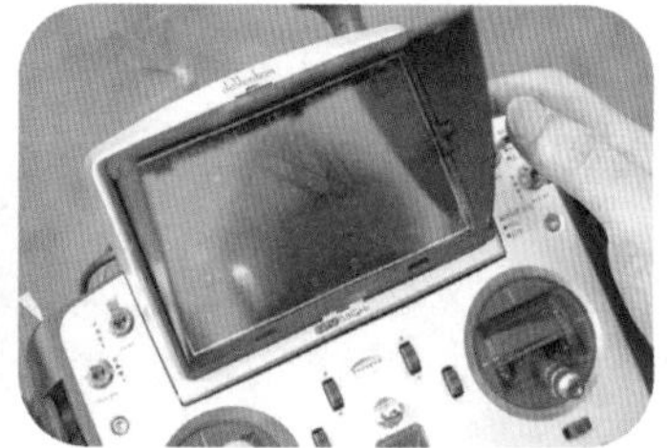

图传系统检查

4）调整数传 / 图传天线角度，调试角度应于地面站保持通信顺畅。

传输系统检查

5）填写《无人机巡检飞行前检查工作单》。

小型无人直升机巡检飞行前检查工作单

序号	检查内容	检查确认
1. 现场环境及地面站检查		
1.1	使用风速仪检查风速是否超过限值。	合格
1.2	使用测频仪检查起降点四周是否存在同频率信号干扰	合格
1.3	评估微地形（垭口、山区、连续上下坡）是否存在上升、下降气流等对飞行安全存在隐患的情况	合格
1.4	架设遥控、遥测天线，并检查连接可靠	合格
1.5	其它	—
	检查人签名	[illegible]
2. 无人直升机系统检查		
2.1	机体检查	合格
2.2	发动机检查	合格
2.3	电气检查	合格
2.4	其它	—
	检查人签名	[illegible]
3. 任务载荷系统检查		
3.1	任务设备中相机、摄相机红外热成像仪等设备正常，电池电量充足	合格
3.2	任务设备与无人直升机电气连接检查	合格
3.3	开机后任务设备操控是否正常	合格
3.4	其它	—
	检查人签名	[illegible]
4. 测控系统检查		
4.1	地面测控设备检查	合格
4.2	开机后测控系统上、下行数据检查	合格
4.3	其它	
	检查人签名	[illegible]
以上地面站架设及各系统检查完毕，确认无误，工作负责人签名后方可起飞作业	工作负责人	[illegible]

飞行前检查工作单

（6）低空复检。

1）待 GPS 信号接收完成，将操控器模式调至增稳模式后轻推油门杆，观察各电机转速是否正常。

电机通电检查

2）操纵无人机起飞至低空悬停，操作各个通道，观察无人机响应状况，判断响应过程及旋翼声音是否正常。

低空姿态检查

五 飞行巡检

（1）作业过程中，作业人员之间应保持呼唱，及时调整飞行状态，确保无人机满足巡检拍摄角度和时间要求。

（2）作业过程中内外控应保持通讯畅通，注意飞行过程中因飞行角度和飞行距离所造成的视觉误差。

（3）依照相关标准进行巡检作业。巡检过程中应注意与巡检线路保持无人机作业指导书中规定的相应安全距离，飞行过程中应保持作业平台的稳定拍摄，按以下拍摄步骤进行作业。

步骤一：起飞后缓慢上升至左侧绝缘子串水平位置，拍摄左相的绝缘子串、金具，先拍摄整体，再调整焦距，拍摄局部；

步骤二：缓慢上升至塔顶，略高于地线，拍摄左侧地线及挂点和金具；

步骤三：翻越杆塔至另一侧，缓慢下降，略高于地线，拍摄右侧地线及挂点和金具；

步骤四：缓慢下降至右侧绝缘子串水平位置，拍摄右相的绝缘子串及连接金具，先拍摄整体，再调整焦距，拍摄局部；

步骤五：拍摄大小号侧通道及周围危险点。

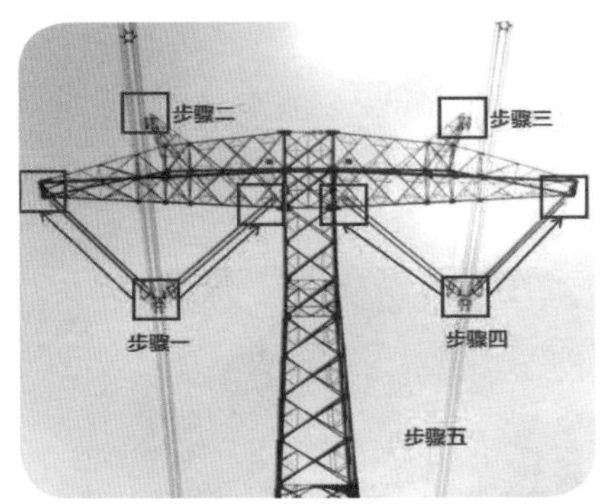

按规定步骤进行作业

六 设备撤收

（1）断开电源，取出电池，盖好机舱盖并关闭遥控器。

设备断电

（2）检查无人机结构及电气连接，用干布擦干旋翼及机身的油泥，将无人机装箱撤收。

设备清洁

（3）依次关闭地面站工控机电源、主电源，拆下并安放天线，整理箱体。

设备撤收入箱

七 工作终结

●基本要求

（1）工作负责人通过电话 / 当面汇报 / 派人送达向工作许可人汇报，终结工作。

（2）汇报内容包括 ×××× 线 ×× 杆塔工作完成情况，发现缺陷 × 处，无人机设备状况良好 / 故障，撤收完毕，请求终结工作。

工作终结汇报

Part 4

归档篇以小型无人直升机现场巡检作业后的设备存放、资料整理为主要内容，旨在规范小型无人直升机设备存放与资料归档。

本篇主要对设备入库、数据分析、工作总结、资料归档等提出了规范化的要求。

归档篇

一 设备入库

（1）巡检工作完成后，定置存放无人机设备，并检查设备的完好性，并填写设备入库记录单。

无人机巡检系统出入库单

无人机型号	[illegible]	数量	1
出库检查	[illegible]		
出库日期	2018.4.19	出库时间	9:00
领用人	[illegible]	审核人	[illegible]
入库检查	[illegible]		
入库日期	2018.4.19	入库时间	16:00
交还人	[illegible]	审核人	[illegible]
备注			

设备入库检查

（2）检查无人机设备电池、主机的电量，并对电池、主机充电。

电池充电

二 数据分析

（1）将拍摄的照片拷贝至办公电脑，对当日拍摄数据进行详细分析，识别设备缺陷。

（2）作业人员对照片进行逐一分析，标注和提取疑似缺陷照片。

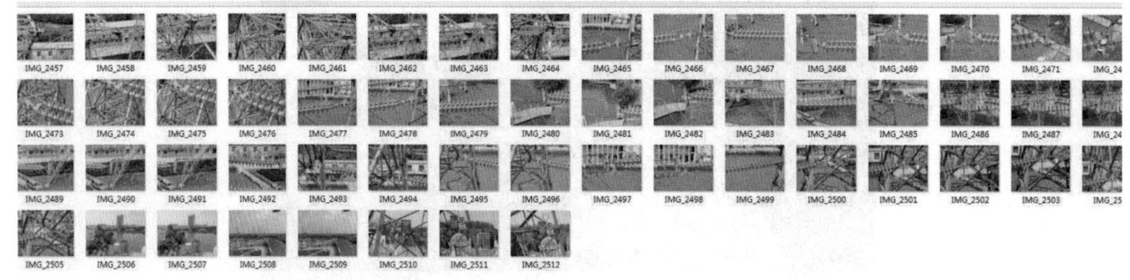

缺陷识别分析

（3）对照《输电线路设施缺陷库》，确定设备缺陷内容和缺陷等级，并规范命名，填写《小型无人直升机巡检结果缺陷记录单》。

小型无人直升机巡检结果缺陷记录单

<table>
<tr><td>线路名称</td><td colspan="4"></td></tr>
<tr><td>巡检日期</td><td colspan="2"></td><td>机型</td><td></td></tr>
<tr><td>单位名称</td><td colspan="2"></td><td>部门名称</td><td></td></tr>
<tr><td>班组</td><td colspan="2"></td><td>工作负责人</td><td></td></tr>
<tr><td rowspan="14">缺陷内容</td><td>序号</td><td>杆塔号</td><td>缺陷描述</td><td>缺陷图像文件名</td></tr>
<tr><td>1（例）</td><td>1#</td><td>C 相左侧靠近横担侧合成绝缘子直角挂板螺栓缺销钉</td><td>杭州 _110kV 潮滨 1210_1# 塔 C 相左侧靠近横担侧合成绝缘子直角挂板螺栓缺销钉 _01_20140925</td></tr>
<tr><td></td><td></td><td></td><td></td></tr>
<tr><td></td><td></td><td></td><td></td></tr>
<tr><td></td><td></td><td></td><td></td></tr>
<tr><td></td><td></td><td></td><td></td></tr>
<tr><td></td><td></td><td></td><td></td></tr>
<tr><td></td><td></td><td></td><td></td></tr>
<tr><td></td><td></td><td></td><td></td></tr>
<tr><td></td><td></td><td></td><td></td></tr>
<tr><td></td><td></td><td></td><td></td></tr>
<tr><td></td><td></td><td></td><td></td></tr>
<tr><td></td><td></td><td></td><td></td></tr>
<tr><td></td><td></td><td></td><td></td></tr>
<tr><td>需要说明的事项</td><td colspan="4"></td></tr>
</table>

缺陷记录单

（4）将确定的缺陷填报至 PMS 系统，进入缺陷管理流程。

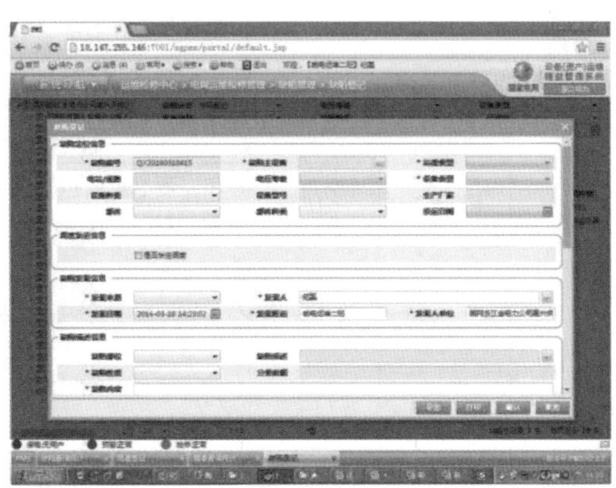

缺陷填报

三 工作总结

根据数据分析结果，编制《小型直升无人机巡检作业报告》，详细描述当天巡检作业的情况。

小型无人直升机巡检作业报告

一、作业环境情况

1. 巡检日期：2016年 3 月 26 日。
2. 巡检线路：500千伏富界5491线。
3. 巡检气象条件：晴 。
4. 航程与航时：总计巡视杆塔 4 基、总航时为 50分钟；
5. 拍摄模式：　拍照　　　　　　.

二、巡检作业情况

1. 巡检作业任务情况。

完成富界5491线 38#—41#的巡检任务

2. 巡检作业设备情况。

设备情况良好

3. 巡检结果发现缺陷或隐患情况。

发现缺陷3项。缺陷情况如下：①38#A相小号绝缘子金具1只开口销未到位；②39#右侧地线上有异物；③40#A相横担有1只鸟巢.

三、作业小结

无

四、其他

无

作业班组：无人机作业班

报告日期：2016.3.26

作业报告

四 资料归档

工作完成后，终结工作票，同时将相应的缺陷记录单、巡检作业报告、作业指导书、任务单、班前班后会记录、空域审批文件、无人机巡检系统使用记录单、航线信息库等资料分类按日期归档。做好工作票（单）、航线信息库等资料的归档。

所有材料入册、归档

Part 5

异常处理篇以小型无人直升机巡检作业过程中的突发与异常情况的处理方法为主要内容，旨在规范小型无人直升机巡检作业异常处理的工作流程。

本篇主要包括人员异常、环境影响（自然、突发异物）、设备异常、坠机处理，对小型无人直升机巡检作业过程中的异常情况提出了处理方法。

异常处理篇

一 人员异常

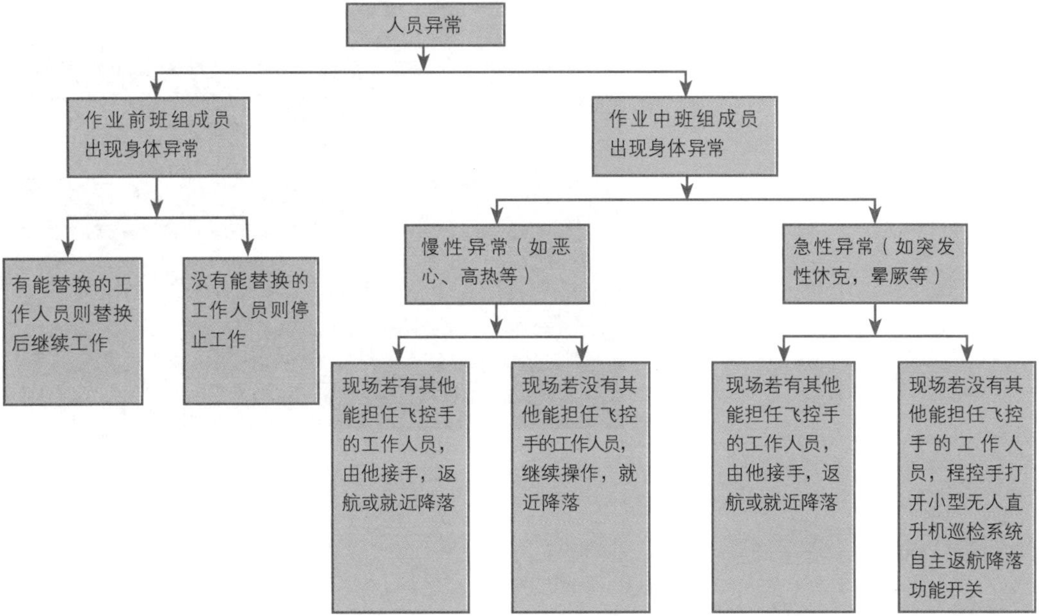

- 人员异常
  - 作业前班组成员出现身体异常
    - 有能替换的工作人员则替换后继续工作
    - 没有能替换的工作人员则停止工作
  - 作业中班组成员出现身体异常
    - 慢性异常（如恶心、高热等）
      - 现场若有其他能担任飞控手的工作人员，由他接手，返航或就近降落
      - 现场若没有其他能担任飞控手的工作人员，继续操作，就近降落
    - 急性异常（如突发性休克，晕厥等）
      - 现场若有其他能担任飞控手的工作人员，由他接手，返航或就近降落
      - 现场若没有其他能担任飞控手的工作人员，程控手打开小型无人直升机巡检系统自主返航降落功能开关

人员异常处理

二 环境影响（自然、突发异物）

作业区域天气突变时（如突发的大风、雷阵雨、冰雹、大雪等），应及时采取措施控制无人机巡检系统避让、返航或就近降落。

作业过程中突发小型无人直升机巡检系统因环境因素将要或者已经缠入撞上异物，应及时采取措施控制无人机巡检系统避让、返航或就近降落。

就近降落

紧急避让障碍物

三 设备异常

小型无人直升机巡检系统在空中飞行时突然失去图传信号的情况时，应打开一键返航功能键，使无人机返航回到起飞点上空然后降落。

一键返航

小型无人直升机巡检系统在空中飞行时突然失去数传信号的情况时，应根据图传画面确定无人机朝向，对尾返航降落。

机头重定向

小型无人直升机巡检系统飞行时，若图传信号数传信号均长时间中断，且未返航，应根据掌握的小型无人直升机巡检系统最后地理坐标位置或机载追踪器发送的报文等信息及时寻找。

意外坠机搜寻

小型无人直升机巡检系统在空中飞行时发生失去 GPS 信号的情况时，应采用其他增稳模式控制小型无人直升机巡检系统在空中悬停等待 GPS 信号，若还是没有 GPS 信号，则控制其返航降落。

GPS 信号丢失应急处理

小型无人直升机巡检系统在空中飞行时发生电池电压突降的情况时，应操作小型无人直升机巡检系统远离线路，就近慢慢控制其降落。

电池电压突然降低

小型无人直升机巡检系统在空中飞行时发生无故自转的情况时，应停止操作小型无人直升机巡检系统，待其自动停止自转，恢复正常后，控制其返航降落。

无人机突发自转

小型无人直升机巡检系统在空中飞行时发生因无故偏航的情况时旋翼转速不一致，应向偏航反方向打杆，操作小型无人直升机巡检系统返航降落。

无人机无故偏航

小型无人直升机巡检系统在空中飞行时发生因遥控器故障而无法操纵时，应打开一键返航开关，待其返回起飞点上空，疏散起飞点人员设备，待其电压下降后慢慢降落。

无人机突发失控

四 坠机处理

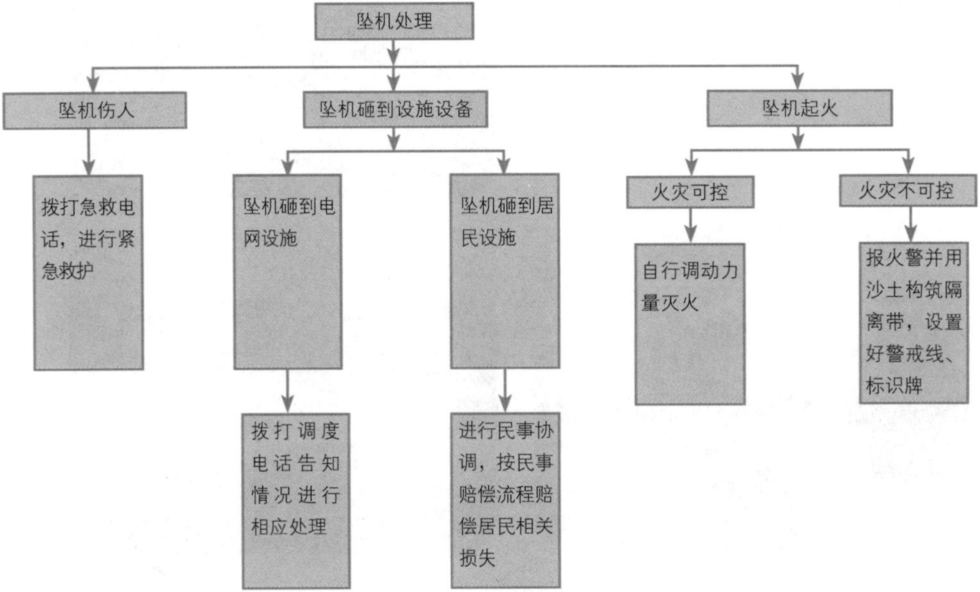

- 坠机处理
  - 坠机伤人
    - 拨打急救电话，进行紧急救护
  - 坠机砸到设施设备
    - 坠机砸到电网设施
      - 拨打调度电话告知情况进行相应处理
    - 坠机砸到居民设施
      - 进行民事协调，按民事赔偿流程赔偿居民相关损失
  - 坠机起火
    - 火灾可控
      - 自行调动力量灭火
    - 火灾不可控
      - 报火警并用沙土构筑隔离带，设置好警戒线、标识牌

无人机意外坠机

Part 6

典型应用篇以小型无人直升机巡检输电线路的典型应用为主要内容，对小型无人直升机的具体应用进行了阐述。本篇主要包括金具类缺陷、绝缘子类缺陷、杆塔本体、导线附属设施缺陷、通道类缺陷及灾情特巡，介绍了小型无人直升机输电线路巡检作业典型应用经验。

典型应用篇

一　金具类缺陷

金具类缺陷是线路现场运行中常见的缺陷之一，这类缺陷多发于长期运行杆塔，若经长时间自然气候的侵蚀，杆塔金具常会出现锈蚀，脱落，变形等不同程度的损伤，通过小型无人直升机对杆塔进行分相位，多角度，长焦段的拍摄，可以发现最小为销钉级缺陷，以下为常见的金具类缺陷。

耐张绝缘子屏蔽环变形

V 型绝缘子串均压环倾斜

耐张绝缘子串均压环偏差

二联板绝缘子挂点缺销钉

导线侧均压环倾斜

地线防振锤断股

杆塔侧均压环掉落

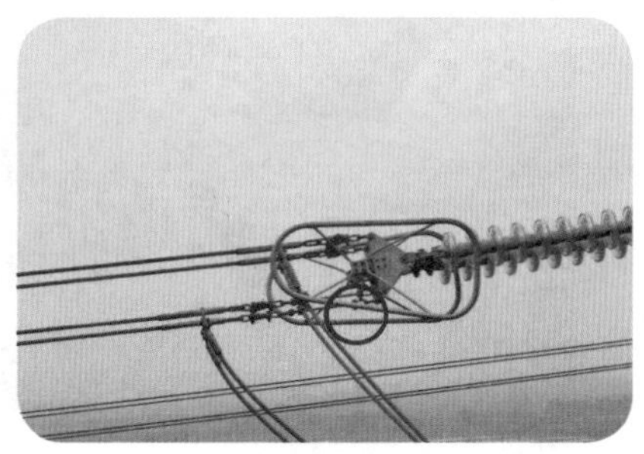

二联板销钉脱出

二联板缺销钉

杆塔侧均压环脱落

金具锈蚀

二联板销钉脱出

二 绝缘子类缺陷

合成绝缘子叶片变形

运行中钢化玻璃绝缘子因表面积污严重，受潮后引起局部放电或单片爬电导致发热，引起绝缘下降，或者由于热胀冷缩的作用，以及出厂质量的良莠不齐，都会引起玻璃绝缘子的自爆；合成绝缘子由于长时间运行，也会因风吹雨淋，造成绝缘子的老化，或者放电产生的受损。通过小型无人直升机的巡视可以发现此类缺陷。

合成绝缘子伞裙破损

销钉脱出

玻璃绝缘子自爆

闪络

三 杆塔本体、导线附属设施缺陷

杆塔本体塔材丢失，锈蚀，色标牌等附属设施的丢失损毁，导地线断股，伤股以及鸟巢等异物的发生，都可以通过小型无人直升机的精细巡视被发现。

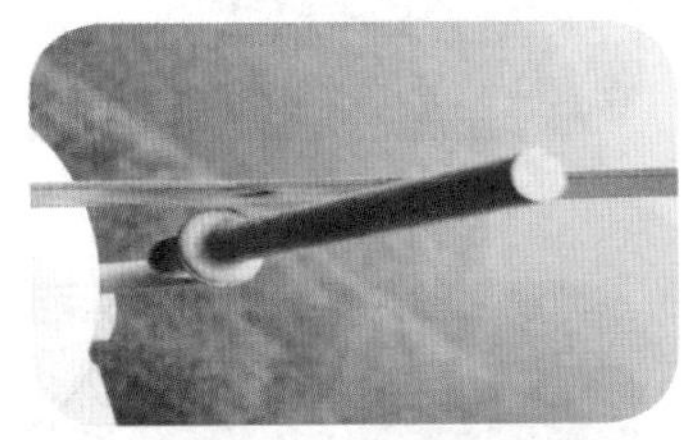

架空地线放电间隙不足

子导线伤股

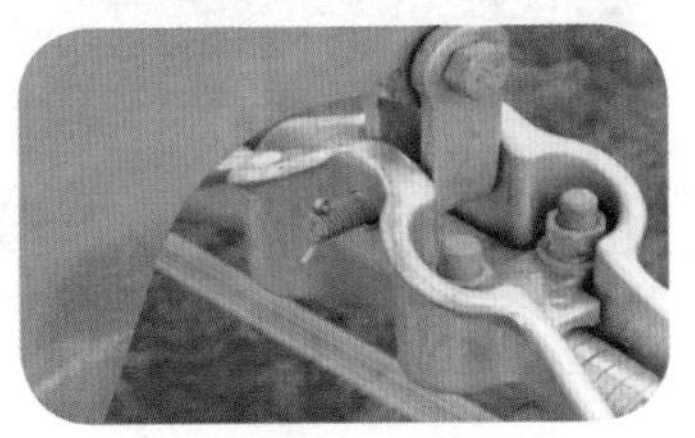

子导线线夹螺栓缺螺帽

鸟巢

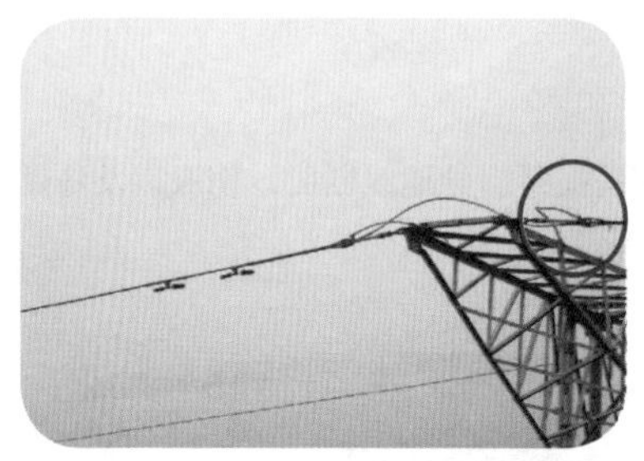

架空地线散股

色标牌脱落

地线未搭接

杆塔缺螺栓

压接管变形

异物

四 通道类缺陷及灾情特巡

小型无人直升机具有灵活机动、便于运输的特点，在短距离通道情况和单基杆塔灾情特巡上，有着无与伦比的优势。

水中输电通道巡查

山区输电通道巡查

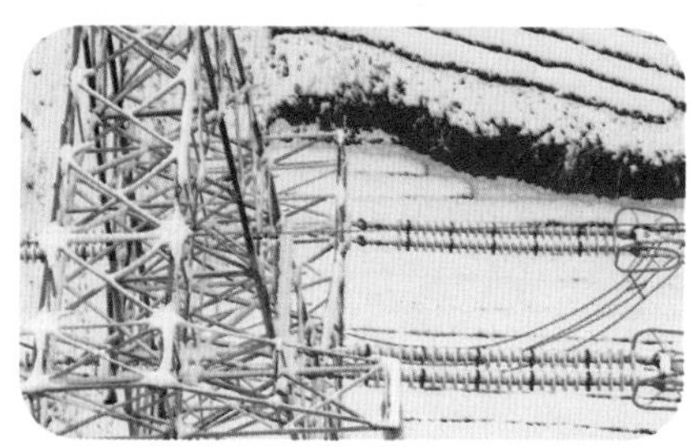

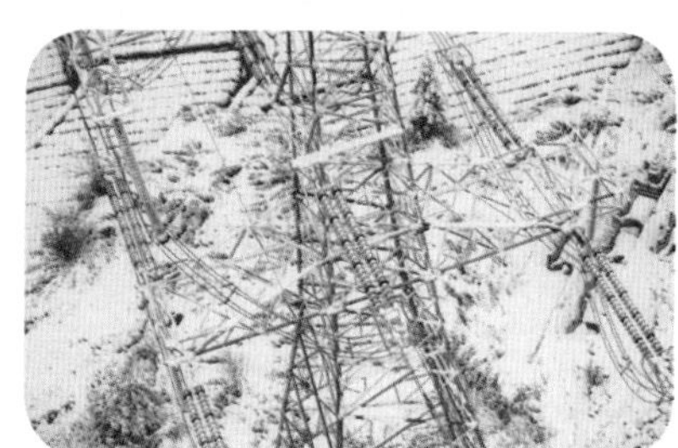

雪后灾情巡查

固定翼无人机

Part 1

安全篇以固定翼无人机安全操作的基本前提为主要内容，旨在明确固定翼无人机巡检作业基本条件。

本篇主要包括作业基本准则、人员配置、设备要求、环境条件、作业安全，对固定翼无人机安全巡检提出了规范化的要求。

安全篇

一 作业基本准则

（一）八禁八步

为规范架空输电线路无人机巡检作业程序，确保作业安全、准确、优质、高效，无人机巡检作业必须遵守“八禁、八步”的规定。

“八禁”	“八步”
禁止恶劣天气强行作业；	两交一查，落实预控；
禁止无票无指导书操作；	检查设备，确定状态；
禁止未经许可开展工作；	现场交底，核对命名；
禁止无证人员上岗作业；	规范操作，流程作业；
禁止飞行器未检验作业；	作业结束，质量自查；
禁止未经资料校核作业；	清理现场，核查器具；
禁止违反额定参数作业；	工作终结，完成上报；
禁止作业人员酒后作业。	填好记录，班后小结。

无人机巡检作业“八禁”“八步”

（二）规范用语

1. 作业现场布置

（1）工作负责人："展开并检查设备。"

（2）飞控手："无人机设备齐备、完好。"

（3）程控手："地面站、控制台设备齐备、完好。"

2. 飞行前检查

（1）工作负责人：检查/操作"数传信号、图传信号、控制系统、航线、弹射装置"；

（2）飞控手/程控手："数传信号、图传信号、控制系统、航线、弹射装置"检查/操作完毕，情况正常，可以起飞。

（3）工作负责人记录相关信息：起飞工作准备就绪。天气××，温度××℃，地面风速××m/s，风向××。满足无人机巡检作业条件。

3. 巡检作业

（1）工作负责人发令："开始起飞。"

（2）飞控手/程控手："起飞/起飞正常。"

飞行过程中专业术语

程控手发令	释义	飞控手复诵
起飞	释放无人机，操控起飞	起飞正常
开始航线飞行	按照设定航线飞行	已进入预定航线飞行
过低盘旋	空中飞行高度盘旋上升	开始上升
过高盘旋	空中飞行高度下降	开始下降
机头朝向 ×	无人机机头朝向	机头朝向 ×
横偏 ×（米）	无人机水平移动	已偏移 ×（米）
动力电压 × 伏	无人机动力电池电压	动力电压 × 伏
飞行高度 × 米	无八机当前海拔高度	飞行高度 × 米
任务完成，可以返航	任务完成，返回降落点	开始返航
中断任务，立即返航	中断任务，返回降落点	开始返航
开始降落	操控无人机平稳降落	降落完毕

二 人员配置

（1）使用固定翼无人机巡检系统进行的架空输电线路巡检作业，作业人员包括工作负责人（一名）和工作班成员。工作班成员至少包括程控手和操控手。

（2）操控手需持有相关机型的厂家操作许可证和“航空器拥有者及驾驶员协会”（AOPA）操作证。

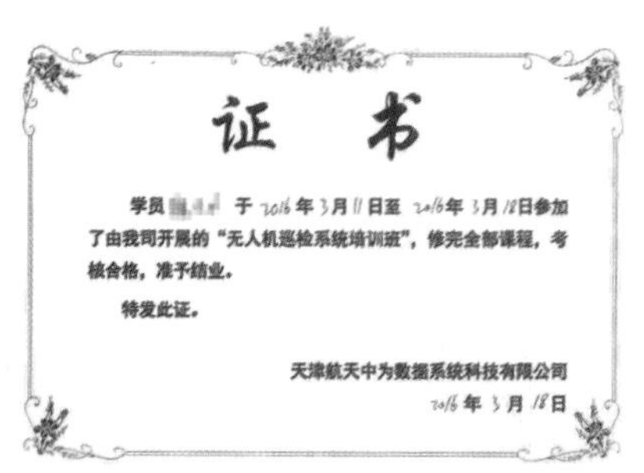

证 书

学员 于2016年3月11日至2016年3月18日参加了由我司开展的“无人机巡检系统培训班”，修完全部课程，考核合格，准予结业。

特发此证。

天津航天中为数据系统科技有限公司

2016年3月18日

厂家操作许可证

AOPA 证

三 设备要求

（一）证件要求

投入使用的固定翼无人机巡检系统必须具备相关机型的国网检测报告与保险。

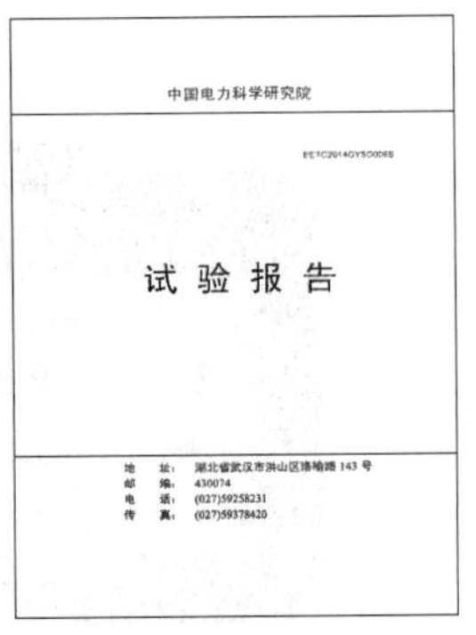

中国电力科学研究院

EETC2014GYS0006S

试 验 报 告

地　址：湖北省武汉市洪山区珞喻路 143 号
邮　编：430074
电　话：(027)59258231
传　真：(027)59378420

入网检测报告

无人机保险单

本手册以 KC-1600 固定翼无人机为例，展开说明。

无人机库房

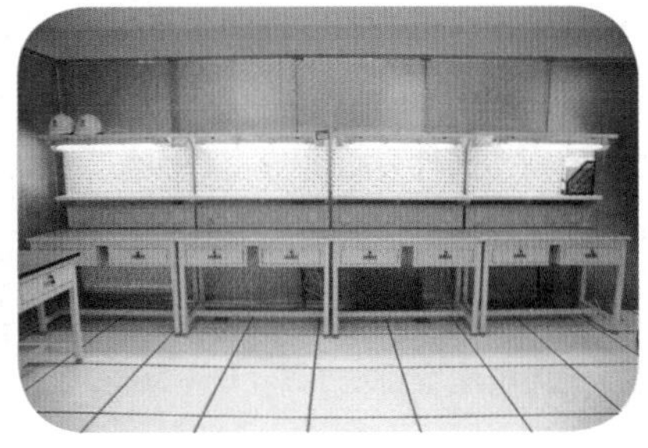
维修操作平台

（二）定期维保

（1）无人机巡检系统应有专用库房进行存放和维护保养。存放的库房应保证阴凉，避免阳光直射，维持存放温度在 15℃左右，湿度在 60 ~ 70RH% 左右。

（2）维护保养人员应按对应机型的维护保养手册要求按时开展日常维护、零件更换、大修保养和试验等工作。

（3）根据设备保障卡要求，及时联系厂家进行定期维保。

（4）每次巡检作业结束后，应填写无人机巡检系统使用记录单，记录无人机巡检系统作业情况及当前状态等信息。

（5）无人机巡检系统所用电池应按要求进行充、放电、性能检测等维护保养工作，确保电池性能良好。

（6）弹射装置的刚性部件发生变形、弯曲需及时校正，橡皮筋的弹性要满足弹射无人机所需的拉力。

（7）所使用的锂电池必须保持在 14.8 ~ 16.7V 这个电压范围内使用。充电电流应为电池容量的 0.5 ~ 1 倍为佳，最多不要超过 2 倍，并尽量减少快速充电的次数。

（8）主要部件（如电机、飞控系统、通信链路、任务设备以及操作系统等）更换或升级后，应进行检测，确保满足技术要求。

电池存放箱

（9）日常保养

<table>
<tr><th colspan="9">固定翼无人机设备保养记录卡</th></tr>
<tr><td colspan="2">名称</td><td colspan="2"></td><td colspan="2">型号</td><td colspan="3"></td></tr>
<tr><td colspan="2">制造厂家</td><td colspan="2"></td><td colspan="2">出厂日期</td><td colspan="3"></td></tr>
<tr><td colspan="9">维护项目</td></tr>
<tr><td>名称</td><td>螺旋桨</td><td>系统</td><td>图传</td><td>数传</td><td>机翼</td><td>舵机</td><td>电池</td><td>弹射架</td></tr>
<tr><td>检测项目</td><td>转速</td><td colspan="3">链路情况、传感测试</td><td>外观</td><td>偏移度</td><td>电量</td><td>稳固性</td></tr>
<tr><td colspan="9">保养、维护记录</td></tr>
<tr><td>时间</td><td>故障部件</td><td colspan="2">故障原因</td><td colspan="3">修理方式</td><td colspan="2">检修人</td></tr>
<tr><td></td><td></td><td colspan="2"></td><td colspan="3"></td><td colspan="2"></td></tr>
<tr><td></td><td></td><td colspan="2"></td><td colspan="3"></td><td colspan="2"></td></tr>
<tr><td></td><td></td><td colspan="2"></td><td colspan="3"></td><td colspan="2"></td></tr>
<tr><td></td><td></td><td colspan="2"></td><td colspan="3"></td><td colspan="2"></td></tr>
<tr><td></td><td></td><td colspan="2"></td><td colspan="3"></td><td colspan="2"></td></tr>
</table>

（10）故障排查及维修（以 KC-1600 为例）

故障类别	故障现像说明	可能的故障原因	排除方法
机械类故障	无人机启动后震动大，干扰飞控	无人机电机座松动	轻微松动可以拧紧固定螺丝；如果结构松动，可以粘胶固定；内部结构破损无法修复，需要返厂维修
		桨座松动，偏心	桨座松动及偏心一般是由反复起降冲击造成，可重新安装调整
		桨叶破损，电机轴弯曲	要更换新件
	弹射时橡筋提前脱钩，造成弹射失败	弹射钩磨损、内弧太小	弹射钩内弧用锉刀加深
		挂绳太粗	更换细点的挂绳
	无人机加电后，置于水平面，舵机不停在中立位	舵面传动机构由与冲击造成变形	检查舵面传动机构，校正变形部位
		舵机中立位设置误改	断电状态摇动舵面，检查有无扫齿
		舵机扫齿	检查舵机行程和中立位设置
电气类故障	无人机加电后，电机一直发出滴滴声。所有舵面都没有动作反映，地面站上舵机显示电压为零	飞控与电调控制线没有连接好，造成舵机没有电源，同时电调检测不到控制信号，不能通过自检造成	重点检查 A2 端口是否松动，机翼接插件是否插好，如果还不能排除，那就需要返厂检查
	无人机加电后，电机一直发出滴滴声。但舵机电压有显示	电调最小油门位发生偏移或是飞控油门设置被误改动	重新对电调进行校准
			重设油门设置
	按起飞开关后，不能由执行起飞动作	开关损坏	更换开关
		接插件松动	检查接插件

续表

故障类别	故障现像说明	可能的故障原因	排除方法
操作使用类故障	无人机起飞转入飞行航线时，不往航线 1 点飞行	自驾状态发送的航线，航线 1 点本身就是原来飞过的航点，不能覆盖	发送航线时一定要切换到手动状态，起飞之前，再切回自驾模式
	提前开伞	开伞点与降高点设置过近应急高度设置不正确	拉大降高点与开伞点间距，检查应急高度
	有 pos 无相片或缺照片	快门线接触不良	检查或更换快门线
		地面站相机设置不正确或相机损坏	打开～系统设置～安装配置参数～接口配置。看照相参数（1929～1103）是否颠倒。检查拍照时必须连接机翼
		相机损坏	相机返厂维修
		快门线和相机之间红外传输有干扰	用不透光的胶步遮盖红外感应区
	无人机接电后，电调自检声音不正确	电调设置的问题	接电不接机翼后打开地面站里的飞前检查～控制面自动检查～油门，将油门点到最大之后，直接连接机翼听到电调响两声后，迅速将油门点到最小即可
	没数据链	地面站电台与飞机电台通信不畅	更换地面站电台天线
		数传有干扰	远离干扰源
	收不到卫星或搜星速度慢	GPS 天线坏	更换 GPS 天线
		接触不良	拧紧 GPS 螺母
		有干扰	远离干扰源
	地面站数据链无法连接	串口不正确	检查串口（我的电脑→设备管理器→端口），端口号及其波特率应于地面站及电台一致
		电台损坏	返厂更换电台

四 环境条件

（一）气象环境

（1）遇雨雪天气，禁止飞行。

（2）现场实测风速须小于设备的最大抗风能力，一般小于 12m/s。

（3）现场最低能见度须大于无人机降落时的预定盘旋半径，一般要求能见度大于 500m。

典型起降点 1

（二）地理环境

（1）固定翼无人机的起降点必须相对空旷、平坦（10m × 20m）的区域，周围没有高大的建筑物、树木。

（2）延无人机弹射方向，弹射延长线上至少有200m左右的无遮挡空间。

（3）选定的盘旋区域与杆塔及导地线有一定的安全距离，至少保持 50m 以上距离。

（4）起降场地应远离公路、铁路、重要建筑、设施及禁飞区域和人员活动密集区。

典型起降点 2

典型起降点 3

典型起降点 4

典型起降点 5

五 作业安全

（1）使用无人机巡检作业时，应严格遵守操作规程，明确该机型的操作步骤。

kc-1600 固定翼无人机巡检作业卡

合格/不合格

操作票编号：

KC-1600 固定翼无人机巡检作业卡					
飞行任务：					
日期		天气		风向	
风速		温度		地点	
起飞时间		着陆时间		总航程	

√	序号	操作步骤
	1	检查机身各部件。
	2	检查存储卡并打开相机开关。
	3	检查相机参数。光圈值____快门值______ISO 值_____
	4	检查相机试拍图像情况。
	5	将相机放入飞机
	6	打开 GPS 追踪仪，放入飞机。
	7	封装机舱
	8	检查电台、数据线、天线连接情况。
	9	飞机上电建立连接。
	10	检查地面站情况。
	11	根据地面站提示完成各项飞前检查。
	12	核对远程航线。
	13	重启自驾仪，待飞。
	14	弹射起飞。
	15	记录起飞时间。

（2）现场禁止使用可能对无人机巡检系统通信链路造成干扰的电子设备。

注意无线电干扰

（3）现场应携带所用无人机巡检系统飞行履历表、操作手册、简单故障排查和维修手册。

（4）起飞时，应设置安全围栏，在无人机起飞线路上及两侧禁止人员逗留，现场人员应站在后方安全区域内。

注意现场、人员安全

（5）降落时，现场所有人员至少与设置的降落点保持 50m 以上距离。

（6）巡检作业时，固定翼无人机巡检航线任一点应高出巡检线路包络线 100m 以上。

（7）飞行速度不大于 30m/s。

（8）爬升角度不大于 20°，转弯半径不小于 80m。

（9）禁止延顺风方向弹射起飞。

（10）弹射时，橡皮筋的有效长度不小于 12m。

（11）弹射装置应采取可靠的固定措施，采用的铁钎应垂直地面反受力方向 10～15℃，且有效入土长度不小于 0.6m。

（12）固定翼无人机应设置自动开伞、自动返航等必要的安全策略。

（13）油动力固定翼无人机在降落后，应及时断电、抽油，并配备灭火器。

Part 2

作业准备篇以固定翼无人机巡检作业的前期准备工作为主要内容，旨在规范巡检作业准备这一环节的基本流程。本篇主要包括资料收集、现场踏勘、航线规划、空域申报、三措一案、工作票签发、设备检查、出库、运输，对固定翼无人机巡检作业准备提出了具体的要求。

作业准备篇

一 资料收集

作业前，首先应查询线路无人机巡检所需资料，包括：设备运行信息、地理环境信息及相关气象数据。

（一）设备运行信息

1. 基础资料查询

作业人员可通过调阅《线路杆塔明细表》或《线路专档》，查询杆塔全高、档距清单等所需线路的基础资料。

序号	杆号	杆塔类型	杆塔型号	转角度数	档距（大号）	耐张段/代表档距	绝缘子配置		泄漏比距（cm/kV）		接地型式（射线数量*长度/埋深）	接地电阻设计值（欧姆）	风偏K值×10^-3（1/m）	0~40℃弛度变化（-）	附属设施	主要交跨
							导线	跳线	要…	现…						
1	000#	构架	构架		185	185/185							0.195	0.36		
2	001#	双回路转角塔	SDJ-27	左1° 54′ 50″	418	418/418	6*4*27LXHY3-210		2.8	2.97	环形D=15m	5	0.181	1.94		
3	002#	双回路转角塔	SJT1-30	左2° 38′ 20″	487	906/457	6*4*26LXHY3-210		2.8	2.86 2.97	环形D=15m	5	0.180	2.26		
4	003#	双回路直线塔	SZT2-42		419		3*1*26LXHY3-210		2.8	2.97	环形D=15m	5	0.180	1.67		
5	004#	双回路转角塔	SJT2-30	右50° 36′ 30″	431		6*4*27LXHY3-210	3*1*28TUTOP/146	2.8	2.97 2.02	环形D=15m	5	0.179	1.40		
6	005#	双回路直线塔	SZT3-60		570		3*1*25FC300P/195		2.8	2.76	4*35	15	0.179	2.45		
7	006#	双回路直线塔	SZT2-39		474		3*1*26LXHY3-210		2.8	2.29	4*35	15	0.179	1.69		
8	007#	双回路直线塔	SZT3-51		526	3595/520	3*1*26LXHY3-210		2.8	2.29	环形D=15m	5	0.179	2.09		
9	008#	双回路直线塔	SZT2-33		556		3*1*26LXHY3-210		2.8	2.29	4*35	15	0.179	2.33		
10	009#	双回路直线塔	SZT3-42		554		3*2*25LXHY3-210		2.8	2.20	4*35	15	0.179	2.31		
11	010#	双回路直线塔	SZT2-42		484		3*2*26LXHY3-210		2.8	2.29	环形D=15m	5	0.179	1.77		
12	011#	双回路转角塔	SJT2-30	左36° 31′ 10″	555		6*4*27LXHY3-210		2.8	2.97	4*35	15	0.178	1.86		
13	012#	双回路直线塔	SZT2-33		405	1659/587	3*1*25FC300P/195		2.8	2.76	4*35	15	0.178	0.99		
14	013#	双回路直线塔	SZT2-33		699		3*1*25FC300P/195		2.8	2.76	4*35	15	0.178	8.51		
15	014#	双回路转角塔	SJT2-30	左33° 59′ 20″	536		6*4*27LXHY3-210		2.8	2.97	4*35	15	0.178	1.51		14#-15#跨220kV双遂线
16	015#	双回路直线塔	SZT3-45		821		3*2*23FC300P/195		2.8	2.54	4*35	15	0.178	3.54		
17	016#	双回路直线塔	SZT3-42		677		3*2*26LXHY3-210		2.8	2.29	4*35	15	0.178	2.40		
18	017#	双回路直线塔	SZT3-54		572	4056/632	3*2*26LXHY3-210		2.8	2.29	4*35	15	0.178	1.72		17#-18#跨220kv龙温、
19	018#	双回路直线塔	SZT3-60		281		3*2*26LXHY3-210		2.8	2.29	4*35	15	0.178	0.41		18#-19#跨110kv武骏线
20	019#	双回路直线塔	SZT3-60		614		3*2*26LXHY3-210		2.8	2.29	4*35	15	0.178	1.98		

线路杆塔明细表

2. 交跨信息查询

作业人员可通过调阅《线路交跨统计表》，查询已知线路的重要交跨信息。

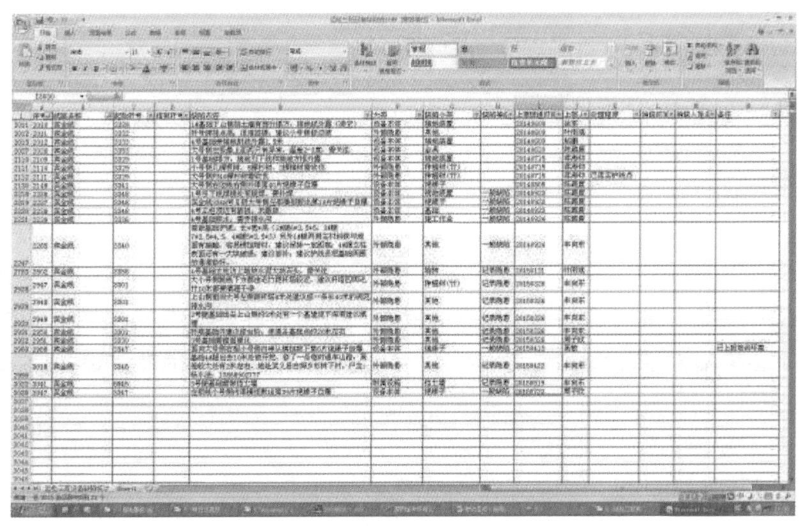

线路交跨统计表

3. 已知隐患、危险点查询

作业人员可通过 PMS 系统或调阅《线路隐患统计表》和《线路危险点统计表》，确认线路巡检作业区段内已知存在的隐患和危险点。

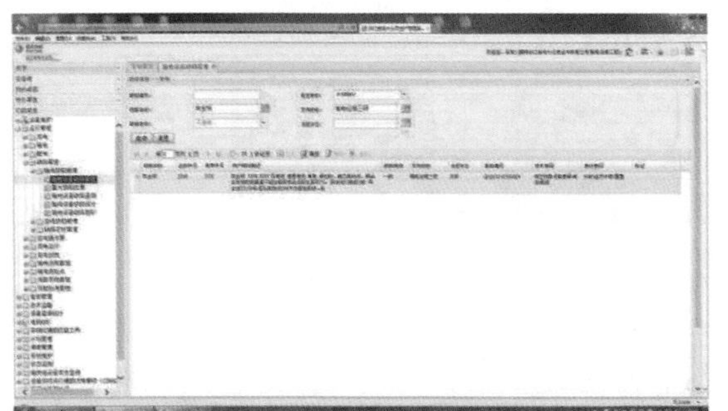

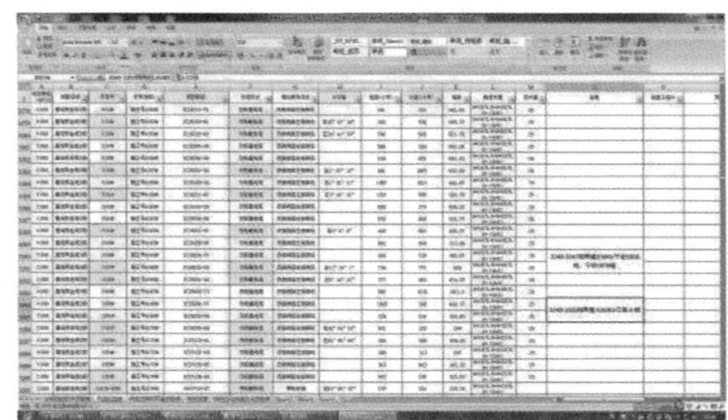

查看 PMS 系统

（二）地理环境信息

作业人员可通过 PMS 系统或调阅《线路专档》，收集线路巡检区段的地势、海拔等地理环境信息。

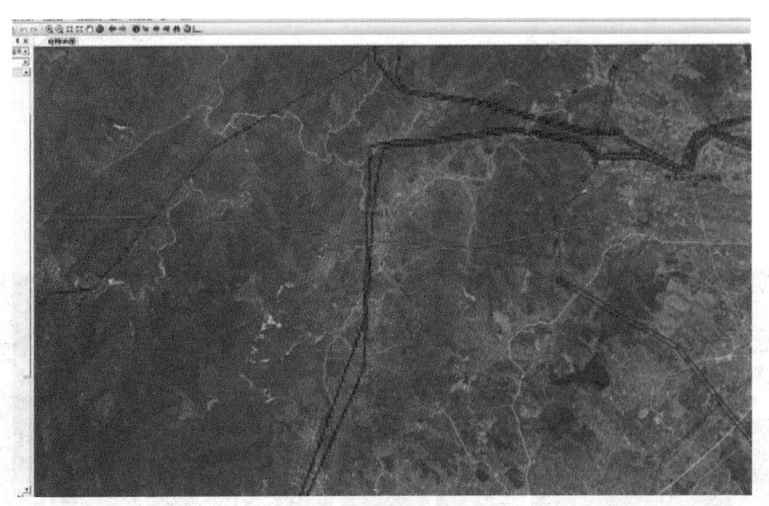

查看线路新处地域

（三）气象信息

作业人员可通过联系气象部门等方式，尽可能准确地了解近期天气变化情况。

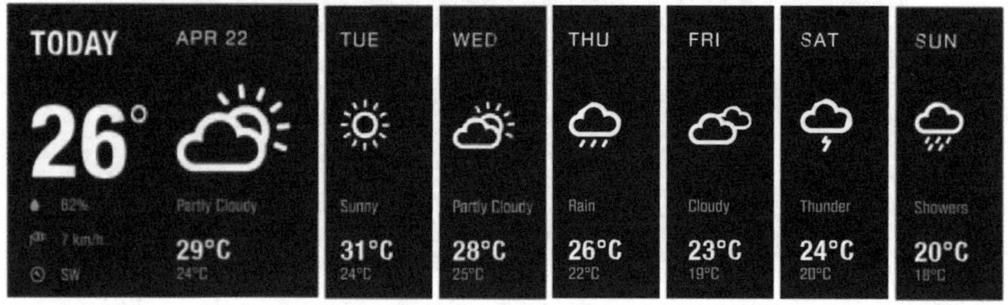

查询作业区域气象信息

二 现场踏勘

作业人员需要按照规范对无人机巡检作业地点进行有效的现场踏勘。

（一）现场环境确认

对巡检作业航段相关环境信息及前期资料查询结果中重要数据进行确认。包括：空域条件、地形地貌、线路走向、气象条件、交通条件及其他危险点等。

现场勘察

望远镜、测高仪

（二）起降点选择

根据巡检任务和现场地形条件，挑选适合任务机型的最佳起降点，利用自驾仪定位地理坐标点。选址要求场地空旷，起降航线范围内无阻碍物，如架空线路、山体等。

起降场地

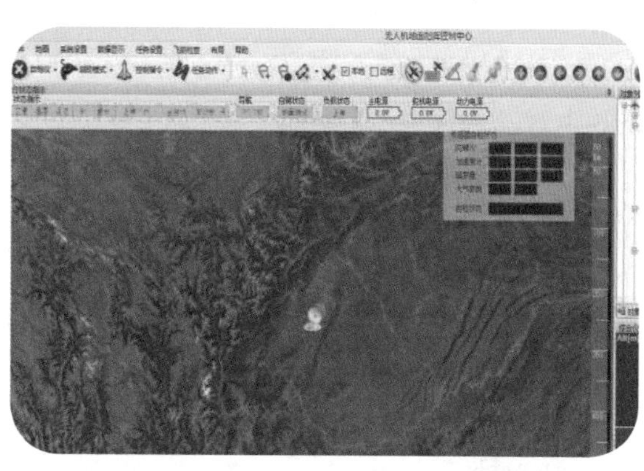

三维地图查看

（三）填写现场勘察记录

按要求填写《架空输电线路无人机巡检作业现场勘察记录》。

架空输电线路无人机巡检作业现场勘察记录

勘察单位 网浙江省电力公司检修分公司　编号 GDY-2016-(005)

勘察负责人 丁建　勘察人员 董志刚　王彬

勘察的线路或线段的双重名称及起止杆塔号：

500KV 乔涌 5493/乔潮 5494 线 40#-65#

勘察地点或地段：

浙江杭州萧山

巡检内容：

通道巡检

现场勘察内容

1.作业现场条件：良好
2.地形地貌以及巡检航线规划要求：适合
3.空中管制情况：无
4.特殊区域分布情况：无
5.起降场地：适合
6.巡检航线示意图：500kV乔潮5493/乔潮5494线40#-65#[illegible]
8.应采取的安全措施：见作业任务单

记录人：丁建　勘察日期：2016年4月6日9时0分至2016年4月6日15时0分

现场勘察记录单

三 航线规划

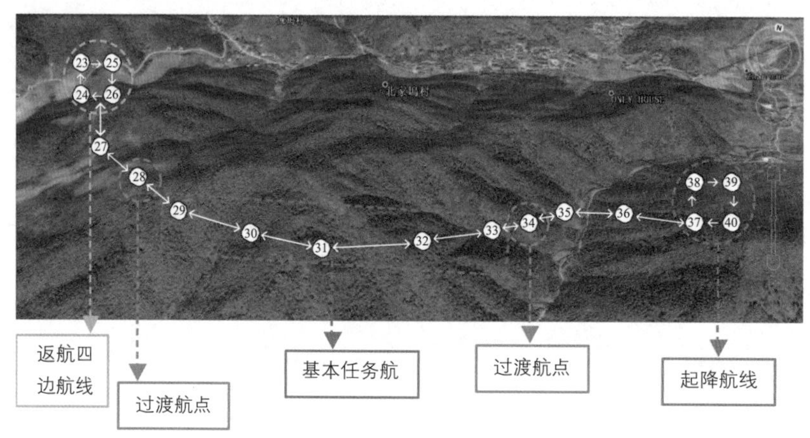

典型航线

第一步，通过导入任务段杆塔的 GPS 数据信息，生成基本任务点，包括原路返航的航点。

第二步，添加起降航线，根据飞行器自身性能和起降场实际环境的不同，有针对地绘制起降航线，可选盘旋爬升降落或者是人工绘制四边航线，同时应注意设定的飞行器转弯半径。

第三步，在基本任务点的头尾都需增加一个过渡点，它必须在相邻两个任务点的延长线上，目的是使飞行器能够顺利地从头尾两个任务点的上方飞过，避免因飞行器预转弯而造成了这两个任务点的遗漏。

第四步，在最后一个基本任务点和返航航点之间添加一个四边转向航线。

第五步，航线规划完成后，分别点击“查看飞行计划”与“离线高程预览”仔细核对各航点设置是否正确。

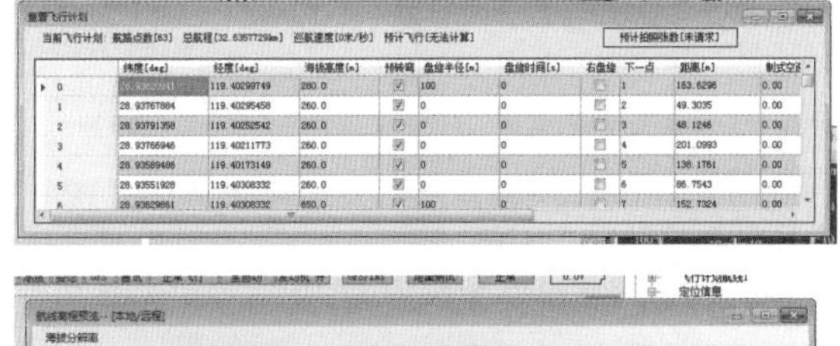

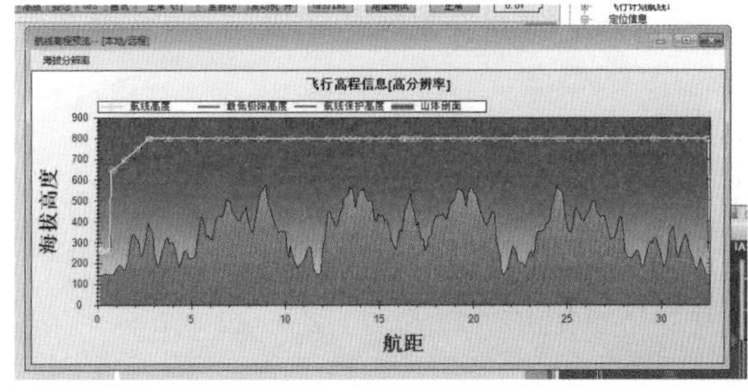

高程预览

四　空域申报

空域申请应按规定向有关部门进行申报。

关于申请无人飞行器用于输电线路巡检飞行试验空域的请示

空28师航管处：

一、 飞行范围：

飞行空域：杭州市萧山区红垦农场附近输电线路500kV乔涌5493/乔潮5494线，两侧各100m以内；见附件（一）：浙江省电力公司电网无人机巡检飞行坐标点　任务飞行器飞行高度：真高150米以内；

二、 试验将使用的无人飞行器机型

固定翼无人机：KC1600

详细参数见附件（二）：电网巡检无人机机型和主要技术指标

三、 起降地点

每次作业起降点选择同一处，为了试验需要，拟于500kV乔涌5493/乔潮5494线65#杆塔附近作为起降点：

起降点坐标：（东经120°45′5.07962880001855″　北纬30″9′39.5537616000033″）

四、 执行日期

试验飞行时间：2016年4月18日—2016年4月30日

五、 飞行安全和第三者责任险：由国网浙江省电力公司负责

六、 飞行保障和安全策略

1、国网浙江省电力公司自备指挥电台、电源车等，负责现场指挥。并设专人负责按要求向有关飞行管制部门申报飞行计划、联系飞机放飞、通报飞行动态、严格按批复的范围飞行。

2、无人机飞行状态下，具备卫星颗数、电机工作状态、飞行高度、飞行速度等异常报警功能并支持一键返航。当启动一键返航功能，固定翼无人机巡检系统应中止当前任务，按预先设定的策略返航，默认设置为无人机升高到标高200米以内，直线返航。

3、无人机具备失去链路信号后的自动返航功能，只要遥测遥控信号出现中断超过设定的时间，无人机按按预先设定的策略返航，默认设置为无人机升高到标高200米以内，直线返航。

五、联系方式：

联系人：姜云土15257171525

以上请示妥否，批复为盼！

国网浙江省电力公司

二〇一六年四月一日

空域申请单

五 三措一案

做好安全措施、组织措施、技术措施和应急预案。严格执行工作票签发流程和巡检作业卡。

国网浙江省电力公司检修分公司
无人机作业班
现场应急处置方案与“一事一卡一流程”

国网浙江省电力公司检修分公司
输电运检中心
2014 年 1 月

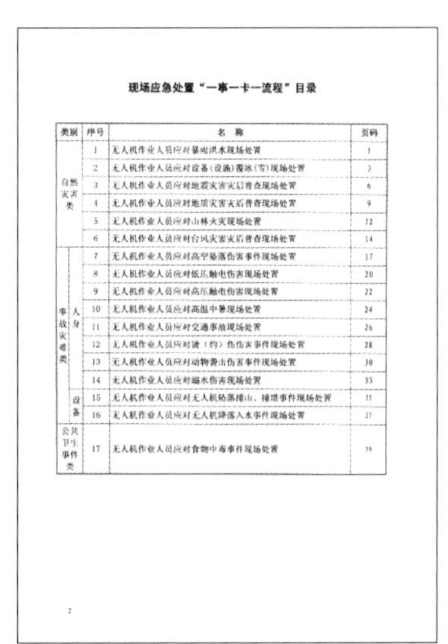

现场应急处置“一事一卡一流程”目录

2

“一事一卡一流程”

六 工作票签发

无人机巡检作业工作票签发须按照《架空输电线路无人机巡检作业工作票管理制度》有关规定进行。

开展飞行任务应履行工作票签发流程，填写《无人机巡检作业工作票》。

架空输电线路无人机巡检作业工作票

单位__________编号__________

1. 工作负责人__________　　工作许可人__________
2. 工作班_工作班成员（不包括工作负责人）：
3. 无人机巡检系统型号及组成：____________________
4. 起飞地点、降落地点及巡检线路：____________________

____

5. 工作任务：

巡检线段及杆号	工作内容

6. 审批的空域范围：

____

7. 计划工作时间：

自____年___月___日___时___分　　至____年___月___日___时___分

8. 安全措施（必要时可附页绘图说明）：

8.1 飞行巡检安全措施：____

____

____

8.2 安全策略：____

____

____

____

8.3 其他安全措施和注意事项：____

____

____

工作票签发人签名__________ __________年______月______日______时______分

工作负责人签名__________ __________年______月______日______时______分

9．确认本工作票 1~8 项，许可工作开始

许可方式	许可人	工作负责人	许可工作的时间
			____年__月__日__时__分

10．确认工作负责人布置的工作任务和安全措施班组成员签名：

____

11．工作负责人变动情况____

原工作负责人__________________离去，变更__________________为工作负责人。

工作票签发人签名__________ __________年______月______日______时______分

12．工作人员变动情况（变动人员姓名、日期及时间）________________________

13．工作票延期____

有效期延长到 __________年______月______日______时______分

工作负责人签名______________　　　　________年_____月_____日_____时_____分
工作许可人签名______________　　　　________年_____月_____日_____时_____分
14．工作间断
工作间断时间　　　　________年_____月_____日_____时_____分
工作负责人签名______________　　　　________年_____月_____日_____时_____分
工作许可人签名______________　　　　________年_____月_____日_____时_____分
工作恢复时间　　　　________年_____月_____日_____时_____分
工作负责人签名______________　　　　________年_____月_____日_____时_____分
工作许可人签名______________　　　　________年_____月_____日_____时_____分
15．工作终结
无人机巡检系统撤收完毕，现场清理完毕，工作于________年___月___日___时___分结束。
工作负责人于________年___月___日___时___分向工作许可人____________用__________方式汇报。
无人机巡检系统状况：
____
____
16．备注
（1）指定专责监护人________________负责监护________________________________
____（人员、地点及具体工作）
（2）其他事项____
____

七 设备检查、出库、运输

（一）设备检查

（1）巡检任务前需对设备进行检查，逐项核对，确保地面站、自驾仪、附属设备及相关工器具齐全，外观正常。

（2）提前对电池电量检测，确保任务所需及备用电池均为满电状态，无人机设备电池主要包括：地面站电池、遥控电池、动力电池、数图传电池。

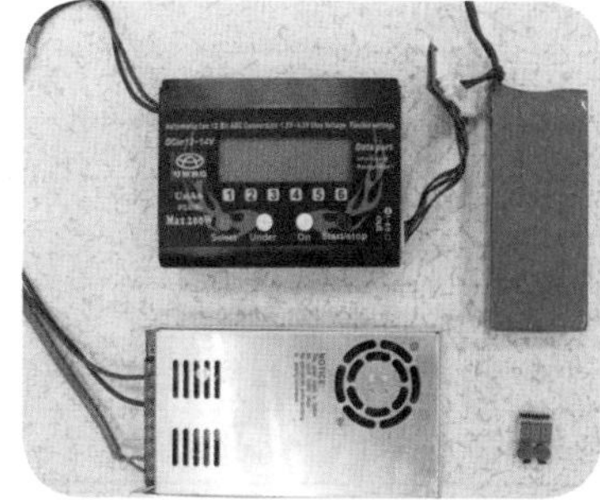

出库检查

（二）出库

制定作业所需设备清单，并填写出库记录表。

序号	名称	型号	单位	数量	备注
1	机体	固定翼无人机	架	1	
2	地面控制站	地面控制站	台	1	
3	数传 / 图传天线	/	套	1/1	
4	遥控手柄	/	台	1	
5	云台	减震云台	台	1	
6	工作电池	电池电压根据各机型起飞电压要求配置	块	4	根据工作内容调整数量
7	电池电量测试器	/	台	1	
8	任务设备	可见光 / 红外	台	1/1	
9	警示围栏	/	副	1	作业区域安全围护
10	对讲机	/	个	2	
11	风速计	/	个	1	
12	充电设备	/	台	1	
13	个人工具包	安全防护用品及个人工器具	个	2	
注：工器具的配备应根据巡检现场情况进行调整					

设备清单

登记出库信息，履行出库手续。

无人机巡检系统出入库单

无人机型号	KC1600	数量	1
出库检查	外观正常、配件齐全		
出库日期	2016.4.1	出库时间	9:00
领用人	魏文力	审核人	董志刚
入库检查			
入库日期		入库时间	
归还人		审核人	
备注			

出库登记

（三）运输

在运输全过程中无人机设备应安放在运输专用箱中，如有弹射架等无箱设备在运输过程中应绑扎牢固。

无人机运输（一）

无人机运输（二）

Part 3

现场作业篇以固定翼无人机巡检作业工作流程及注意事项为主要内容，旨在规范固定翼无人机现场巡检作业。本篇主要包括复核工作现场、现场交底、设备展开、飞前检查、飞行巡检、设备撤收、工作终结等七部分，对固定翼无人机巡检作业过程提出了规范化的要求。

现场作业篇

一 复核工作现场

作业人员抵达现场，工作前对杆塔双重命名及对现场地形情况进行复核。

（1）工作许可方式为：当面办理、电话办理或派人办理。

（2）工作许可汇报内容：我是工作负责人 ×××，现已抵达 ×××× 线起降点工作现场，现场情况核对无误，无人机巡检系统已准备就位，本次航巡区段为 ×× 号杆塔 ~ ×× 号杆塔，申请开始工作。

现场工作许可

二 现场交底

1．现场人员分工

（1）工作负责人：正确安全地组织开展巡检作业工作，严格执行安全措施。

（2）操控手：负责无人机巡检系统的手动操作，协助程控手工作。

（3）程控手：负责无人机展开、调试、撤收。

召开班前会

2. 基本要求

工作前，工作负责人检查工作票所列安全措施；二交一查，包括交代工作任务、安全措施和技术措施，进行危险点告知，核对航线规划、安全策略设置和作业方案是否正确完备，检查人员状况和工作准备情况。

工作班成员明确工作任务、安全措施、技术措施和危险点后在工作票上签字。

作业交底

3. 现场气象条件测量

（1）使用风速仪检查风速是否超过限值。

（2）使用气温仪对环境气温进行检测，气温范围不得超过无人机说明书中规定的温度范围。

检查气象条件

三 设备展开

（1）按照功能区设置相应的工作围栏，并有明显的区分。

设置工作围栏

（2）根据现场地形和风速、风向等气象条件合理地安装好无人机弹射架。

安装弹射架

（3）架设地面站天线，将天线支架展开，高度调至最高，天线指向无人机航向，将天线头与地面站电脑进行可靠连接，并对其进行可靠供电。

地面站天线架设

（4）架设图传天线，将天线支架展开，高度调至最高，天线指向无人机航向，并将天线与图传机进行可靠连接。

图传天线架设

（5）用专用的电池电量测试仪检查电池电量，测量时要核对电极，以免接反，电池电量不得少于该型无人机的正常工作电压。

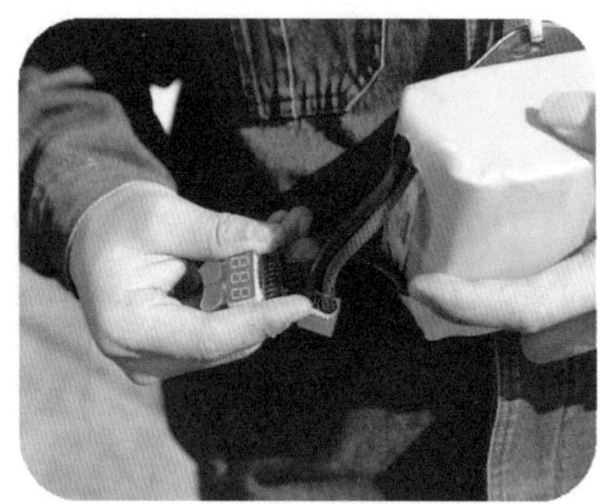

电池电量检测

（6）检 GPS 跟踪仪、相机等其他设备是否电量充足、运行正常，按操作要求和天气情况合理调整相机参数。

检查相机装配

（7）按要求组装无人机机体，连接牢固可靠。

机翼组装

机体组装

（8）按要求折叠降落伞，并将降落伞与机体进行可靠连接。

降落伞折叠

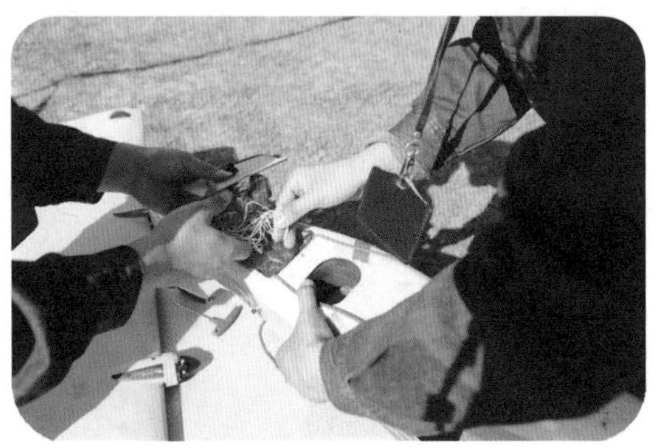

降落伞装入机体

（9）将动力电池、GPS 跟踪仪、相机、图传摄像机等部件开机后依次组装到无人机上并检查连接是否可靠。

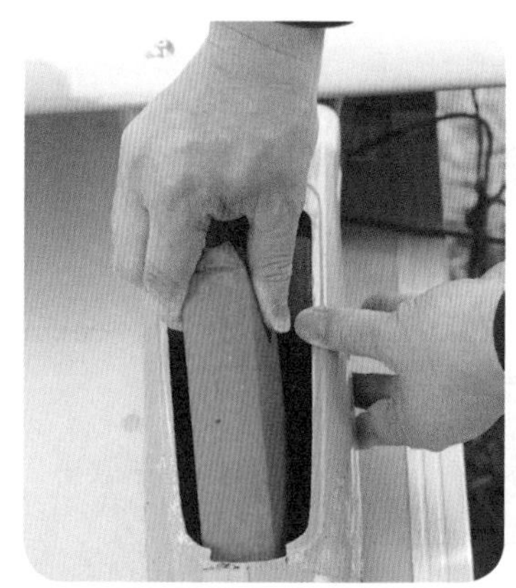

安装无人机动力电池

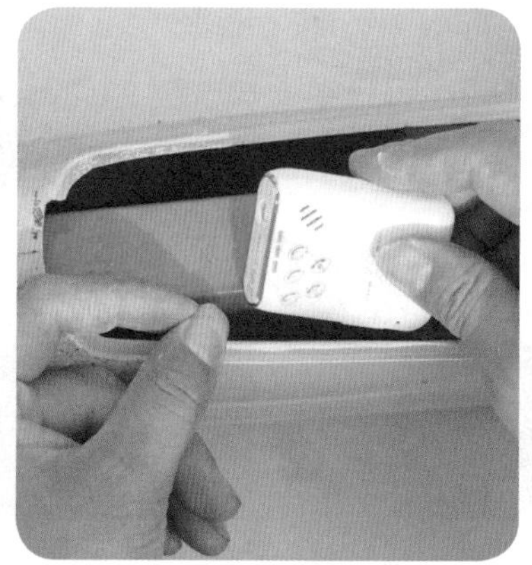

检查 GPS 跟踪仪

检查配件紧固

（10）对组装好的无人机进行重心检查，重心位置不平衡时应对机体进行重新配重。

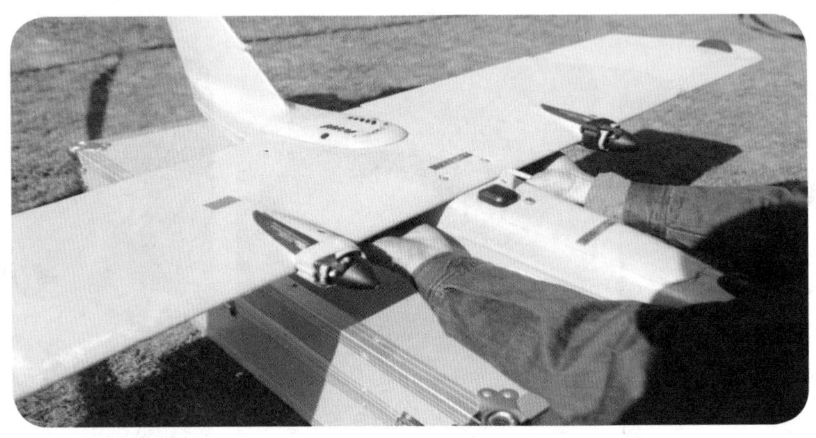

重心检查

（11）接通电源，依据地面站提示逐项进行飞行参数检查。

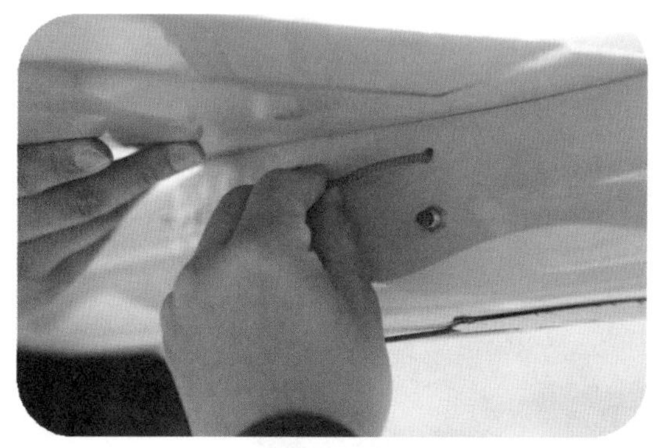

接通机身电源

进行地面站检查

（12）将无人机机身弹射钩环与弹射拉绳连接，拉至 12m 处，检查弹射拉绳受力状态是否符合起飞要求。

弹射拉绳检查

（13）将相机镜头盖取下，打开螺旋桨绑扎带。

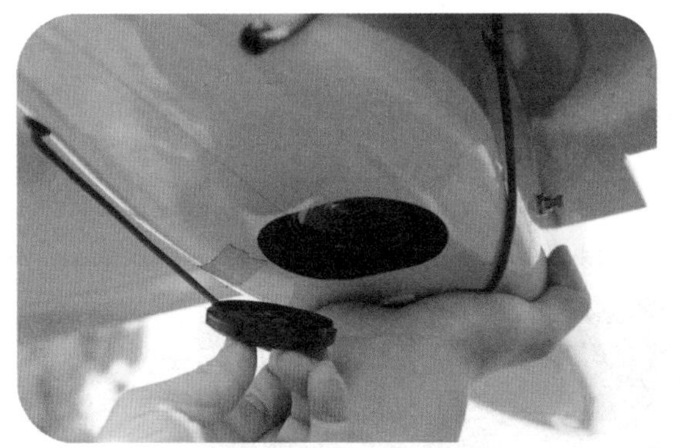
相机镜头盖取下

打开螺旋桨绑扎带

四 飞前检查

关键点如下。

（1）无人机组装完成通电后，先进行一次空速清零。

（2）检查数传、图传设备是否接入系统、卫星数目和 GPS 精度等飞行参数是否满足要求；载入地图，与现场环境核对。

（3）在飞行检查菜单栏里选择地面站位置采集。

（4）检查地面站所做航线是否正确（2 个相邻航点间爬升角不得超过 20°）、完善，需要拍摄照片的航点是否已勾选拍照指令。

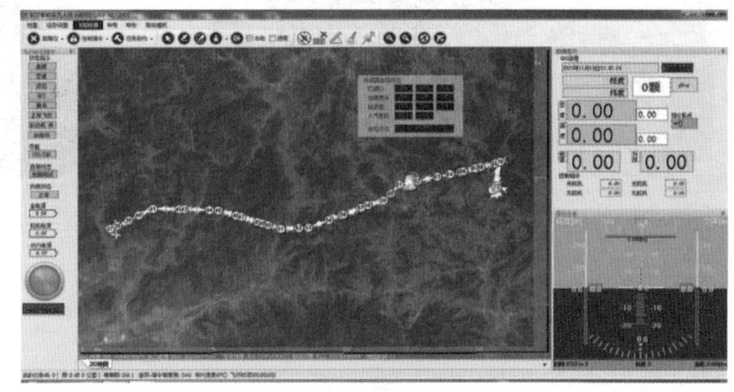

航线检查

（5）检查所选取的起飞点和降落点是否合适、可控。

（6）检查应急参数是否正确无误。

（7）舵机检查菜单栏里依次检查副翼左偏、中立、右偏指令是否动作无误。

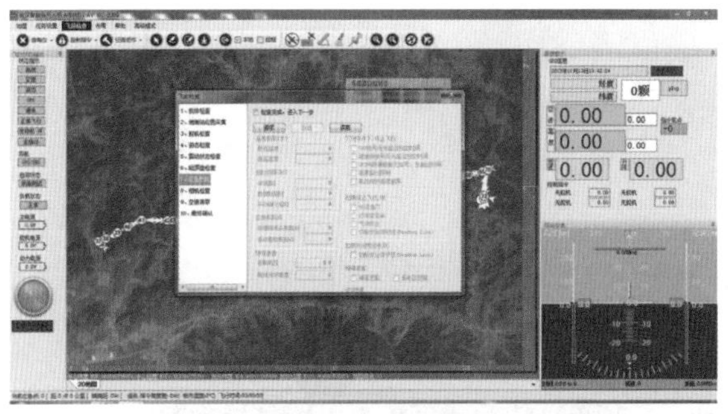

应急参数设置

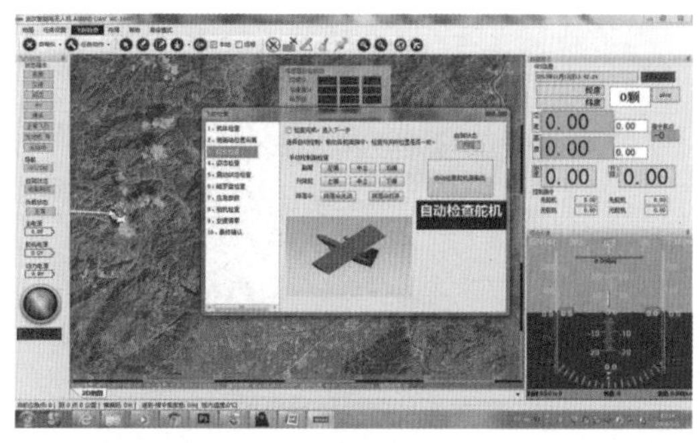

舵机检查

（8）舵机检查菜单栏里依次检查升降机上偏、中立、下偏指令是否动作无误。

（9）舵机检查菜单栏里检查降落伞打开指令是否动作准确。

（10）姿态检查菜单栏里通过机身左、右、上、下倾斜检查飞行姿态是否正确。

姿态检查——抬头

姿态检查——低头

（11）磁罗盘检查菜单栏里检查机头所对方位与实际位置一致，并连续 3 次旋转 90° 进行校验。

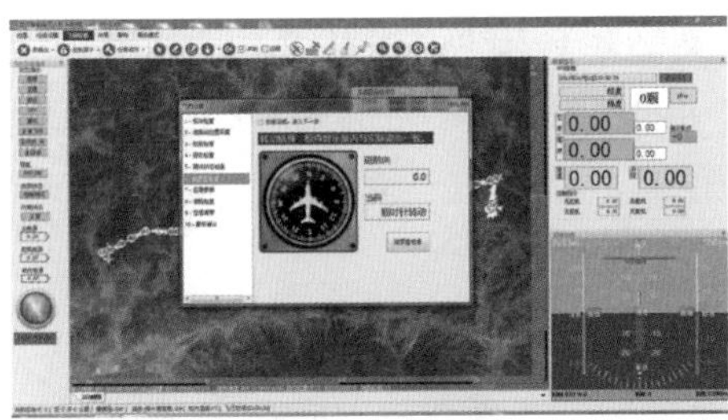

磁罗盘检查

（12）根据现场天气情况对相机参数进行设置检查。

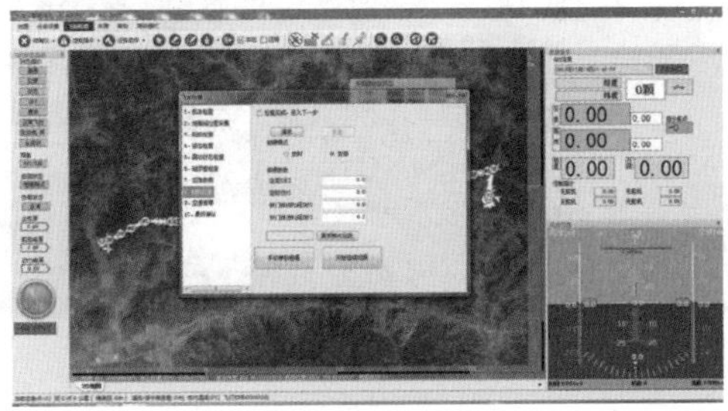

相机参数设置

（13）再次进行空速清零操作，用手堵住空速管检查动压是否急速上升。

（14）以上各项检查无误后进行最终检查完成确认操作。

（15）各项参数（如应急参数、相机参数等）填写完成后均要点击发送指令。

（16）将所做好的航线发送至无人机（选择航线、按右键点击发送飞行计划）。

发送航线

（17）关闭再打开自驾仪，检查远程飞行计划的唯一性，如有其他飞行计划应将其删除后再次重复此项检查。

（18）检查弹射架安装是否正确，桩锚受力是否均匀，周围土壤有无松动，桩锚能否承受飞机弹射时的拉力。

（19）使用风速仪对现场风力、风向进行测试，风力超过 4 级不宜进行飞行，风向突然变化时，可根据具体情况重新安装弹射架。

（20）无人机拉至弹射位置后，检查相机镜头盖是否取下，无人机螺旋桨绑扎带是否取下。

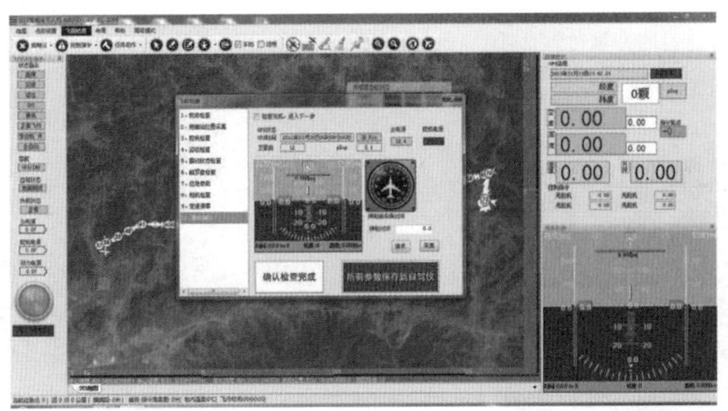

系统检查测试

五 飞行巡检

关键点如下。

（1）将无人机与弹射装置做好连接，启动螺旋桨，达到动力要求后，迎风弹射进入预定飞行轨道，记录起飞时间。

（2）密切观察飞行巡检过程中的遥测信息、数据链情况，综合评估飞行状态，异常情况下应及时响应，必要时采取返航、迫降等中止飞行措施，并做好飞行的异常情况记录。

弹射起飞

无人机空中盘旋

（3）在合适的位置打开降落伞，记录着陆时间，下载 POS 数据后断开电源。

开伞降落

系统跟踪数据监测

六 设备撤收

关键点如下。

（1）断开电源，取出电池，盖好机舱盖并关闭遥控器。

（2）检查无人机结构及电气连接，用干布擦干旋翼及机身的油泥，将无人机装箱撤收。

（3）依次关闭地面站电源、主电源，拆下并安放天线，整理箱体。

（4）着陆后，拆开降落伞，检查外观及零部件，取出电池、GPS 跟踪仪、相机，并做好使用记录。

（5）折叠降落伞置入机身降落伞仓。

（6）拆装图传设备、数传设备、机翼、弹射装置、辅助设备放入对应运输专用箱内。

降落伞回收

无人机撤收入箱

图传数传设备撤收

附属设备撤收

七 工作终结

工作负责人通过当面报告、电话报告的方式向工作许可人汇报，终结工作。

（1）工作终结报告应简明扼要，并包括下列内容：工作负责人姓名、工作班组名称、工作任务（说明线路名称、巡检飞行的起止杆塔号等）已经结束，无人机巡检系统已经回收，工作终结。

（2）人员撤离前，应清理现场，核对设备和工器具清单，确认现场无遗漏。

工作终结汇报

Part 4

归档篇以固定翼无人机现场巡检作业后的设备存放、资料整理为主要内容，旨在规范固定翼无人机设备存放与资料归档。

本篇主要对设备入库、数据分析、工作总结、资料归档等提出了规范化的要求。

归档篇

一 设备入库

（1）入库前，对照设备清单逐项核对，检查时应注意设备及配件是否齐全，并清洁外观。

作业设备清单

序号	名称	型号	单位	数量	备注
1	机体		架	1	
2	电台		台	1	
3	数传天线 / 图传天线		套	1/1	
4	地面站		套	1	含地面控制软件
5	电池电压检测仪		台	1	
6	专用充电设备		套	1	
7	飞行油料		L	2～3	油动固定翼
8	GPS 追踪器		台	1	
9	相机		台	1	
10	发射装置		套	1	皮筋弹射或专用弹射架
11	油机启动器		套	1	油动固定翼
12	操作手柄		套	1	
13	对讲机		只	3	
14	风速计		只	1	
15	降落伞		具	1	
16	电池		组	4	
17	个人工具包		套	3	
注：工器具的配备应根据巡检现场情况进行调整					

设备入库清单

设备入库检查

（2）办理入库手续，找到对应的《无人机巡检系统出入库单》，登记入库信息后闭环。

无人机巡检系统出入库单

无人机型号	KC1600	数量	1
出库检查	外观正常、配件齐全		
出库日期	2016.4.1	出库时间	9:00
领用人	魏文力	审核人	童志刚
入库检查	外观正常、配件齐全		
入库日期	2016.4.6	入库时间	15:00
归还人	魏文力	审核人	童志刚
备注			

设备出入库单

（3）检查无人机设备各部分电池电量使用情况，并及时进行充电，以确保下次巡检任务能够按时开展。

电池充电

二 数据分析

（1）飞行任务结束后，应立刻将图像、视频信息导出并保存。图像、视频应按照统一格式命名。命名示例：国网浙江电力 _ ± 800kV 宾金线 _3305#–3325#_20150522。

（2）仔细分析查看图像和视频数据，辨认、筛选出隐患、危险点信息，记录并单独建档保存。

缺陷识别分析

（3）对照《输电线路设施缺陷库》，确定设备缺陷内容和缺陷等级，填写《固定翼无人机巡检结果缺陷记录单》。

固定翼无人机巡检结果缺陷记录单

<table>
<tr><td>线路名称</td><td colspan="5"></td></tr>
<tr><td>巡检日期</td><td colspan="3"></td><td>机型</td><td></td></tr>
<tr><td>单位名称</td><td colspan="3"></td><td>部门名称</td><td></td></tr>
<tr><td>班组</td><td colspan="3"></td><td>工作负责人</td><td></td></tr>
<tr><td rowspan="6">缺陷内容</td><td>序号</td><td>杆塔号</td><td colspan="2">缺陷描述</td><td>缺陷图像文件名</td></tr>
<tr><td>1（例）</td><td>1#</td><td colspan="2">杆塔覆冰严重</td><td>杭州 _ 110kV 潮滨 1210 线 _1# 杆塔覆冰严重 _01_20140925</td></tr>
<tr><td>2（例）</td><td>3# ~ 4#</td><td colspan="2">线路下方有施工机械</td><td>杭州 _ 110kV 潮滨 1210 线 _2# — 3# 线路下方有施工机械 _01_20140926</td></tr>
<tr><td></td><td></td><td colspan="2"></td><td></td></tr>
<tr><td></td><td></td><td colspan="2"></td><td></td></tr>
<tr><td></td><td></td><td colspan="2"></td><td></td></tr>
<tr><td>需要说明的事项</td><td colspan="5"></td></tr>
</table>

缺陷记录单

三 工作总结

每次飞行任务结束后都应总结形成一份固定翼无人机巡检作业报告，主要内容包括以下四点：巡检作业任务情况（作业背景、目的及内容等）、巡检作业设备情况（设备工作中及出入库时状态）、巡检结果分析情况（发现隐患、危险点情况）、巡检作业小结（作业成效总结）。

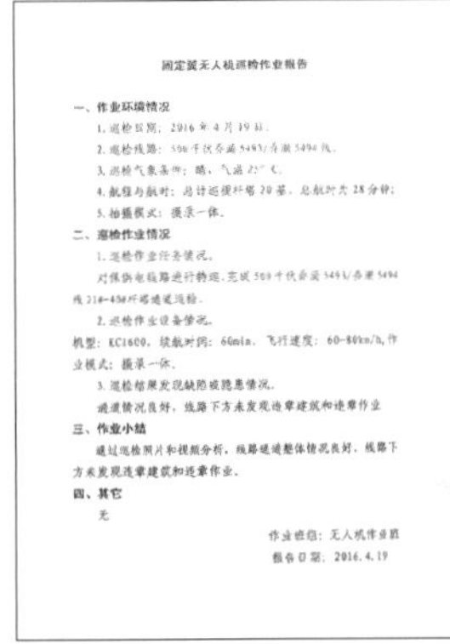

固定翼无人机巡检作业报告

一、作业环境情况

1. 巡检日期：2016年4月19日。

2. 巡检线路：500千伏吞涵5493/吞濉5494线。

3. 巡检气象条件：晴，气温25℃。

4. 航程与航时：总计巡视杆塔20基，总航时共28分钟；

5. 拍摄模式：摄录一体。

二、巡检作业情况

1. 巡检作业任务情况。

对保供电线路进行特巡，完成500千伏吞涵5493/吞濉5494线214-430杆塔通道巡检。

2. 巡检作业设备情况。

机型：KC1600，续航时间：60min，飞行速度：60-80km/h，作业模式：摄录一体。

3. 巡检结果发现缺陷或隐患情况。

通道情况良好，线路下方未发现违章建筑和违章作业

三、作业小结

通过巡检照片和视频分析，线路通道整体情况良好，线路下方未发现违章建筑和违章作业。

四、其它

无

作业班组：无人机作业班

报告日期：2016.4.19

作业报告

佐证材料

四 资料归档

（1）工作完成后，纸质材料入册归档，扫描件及电子资料，按线路和时间进行归档，存放于固定翼无人机巡检作业电子专档，有条件可在局域网服务器建立专用分区以便储存管理。

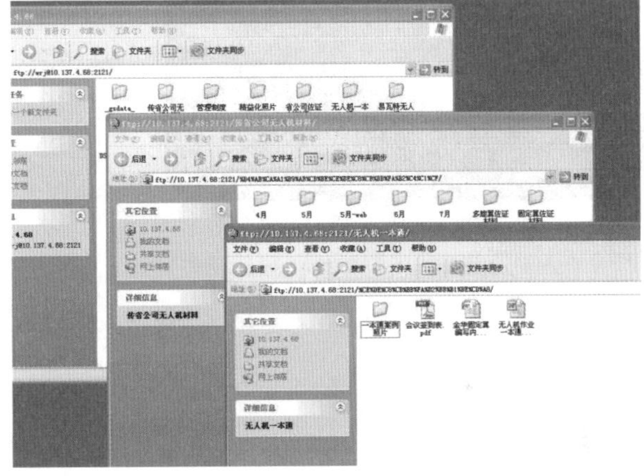

材料入册归档

（2）专档文件打包刻录成光盘，盘面贴标签后由专人管理，统一存放。

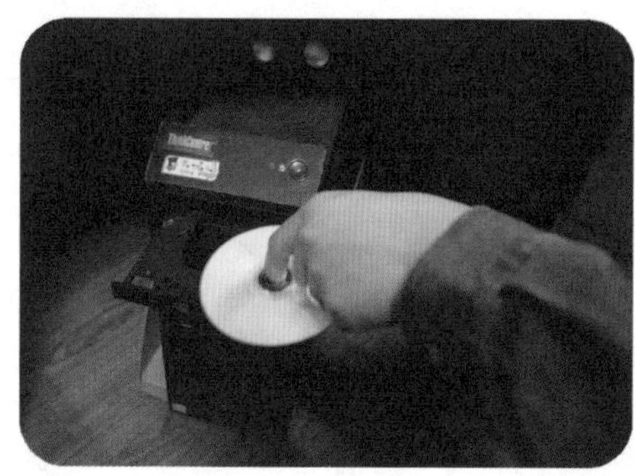

电子存档

Part 5

异常处理篇以固定翼无人机巡检作业过程中的突发与异常情况的处理方法为主要内容，旨在规范固定翼无人机巡检作业异常处理的工作流程。

本篇主要包括人员异常、环境影响、设备异常、坠机处理，对固定翼无人机巡检作业过程中的异常情况提出了处理方法。

异常处理篇

一 人员异常

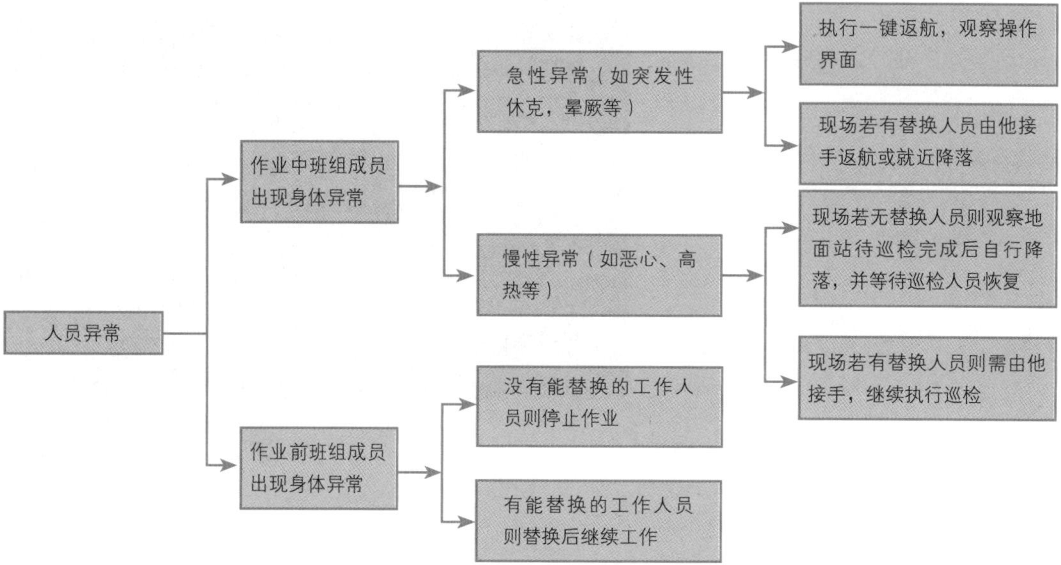

- 人员异常
  - 作业中班组成员出现身体异常
    - 急性异常（如突发性休克，晕厥等）
      - 执行一键返航，观察操作界面
      - 现场若有替换人员由他接手返航或就近降落
    - 慢性异常（如恶心、高热等）
      - 现场若无替换人员则观察地面站待巡检完成后自行降落，并等待巡检人员恢复
      - 现场若有替换人员则需由他接手，继续执行巡检
  - 作业前班组成员出现身体异常
    - 没有能替换的工作人员则停止作业
    - 有能替换的工作人员则替换后继续工作

1. 溺水

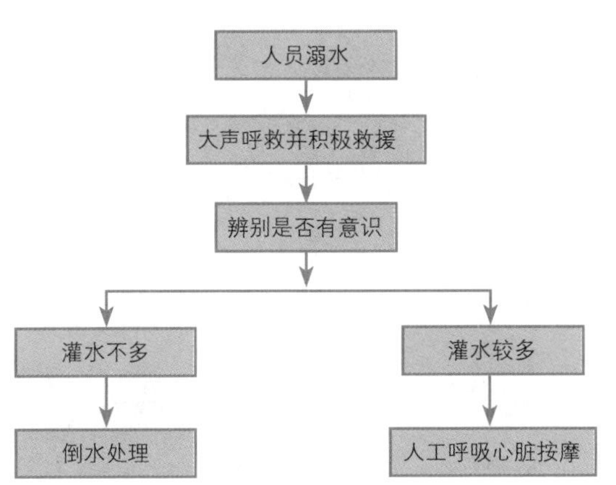

人员意外落水

2. 细小部件等异物刺入

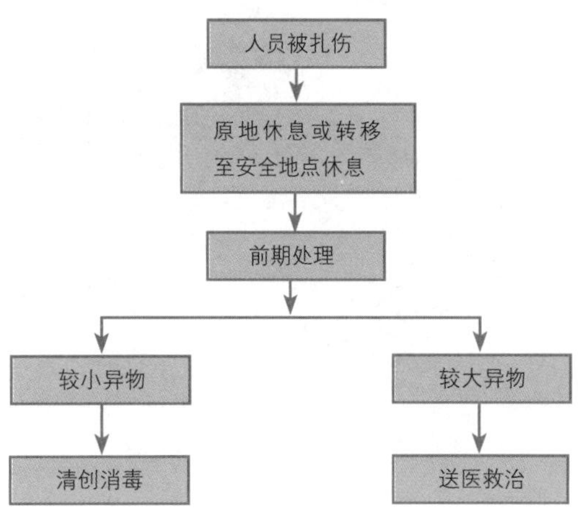

人员受外伤

3. 高温中暑

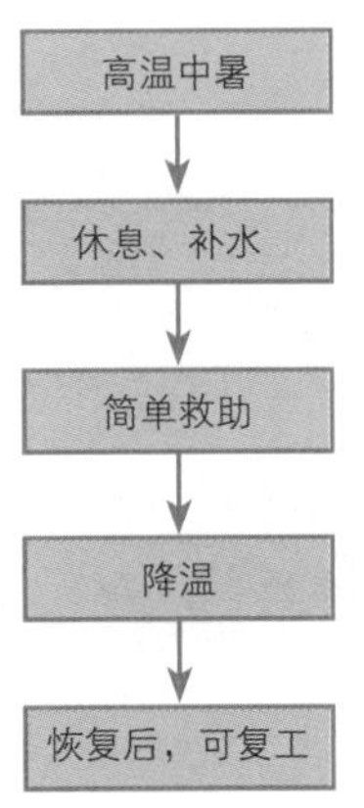

人员高温中暑

4. 车辆伤害

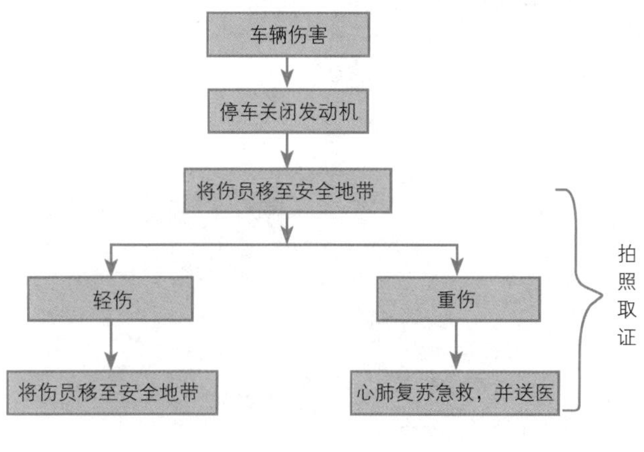

交通意外事故

5. 高处滑落伤害事件

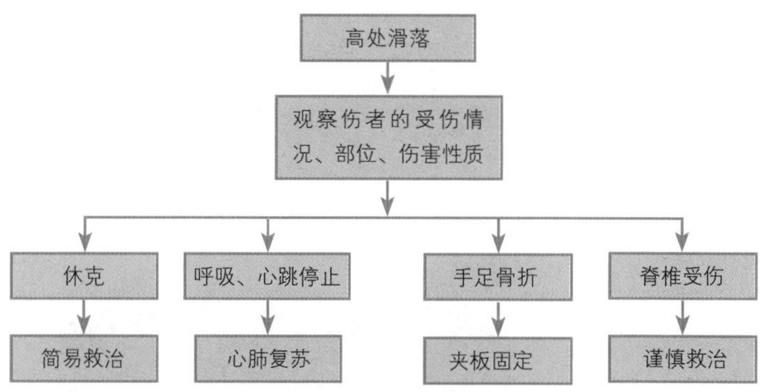

人员高处滑落

6. 动物袭击人员伤害

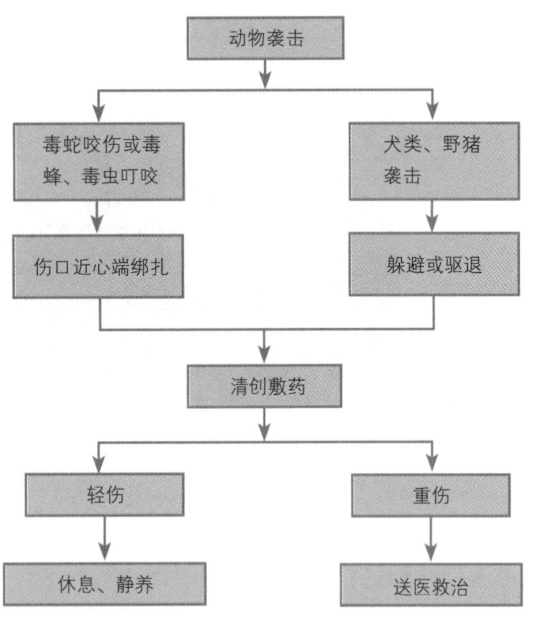

动物袭击

二 环境影响

1. 泥石、山体崩塌、滑坡、地面塌陷等地质灾害。

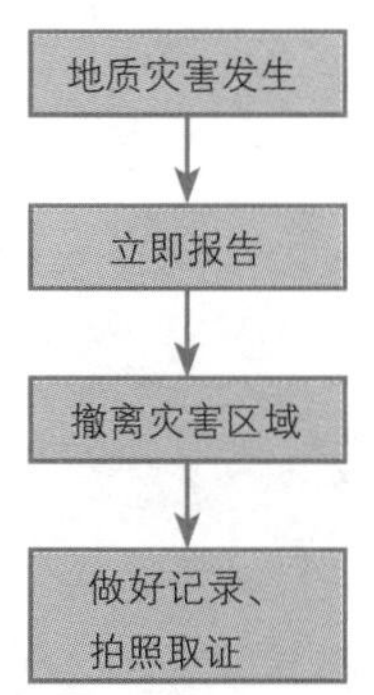

地质灾害

2. 天气突变

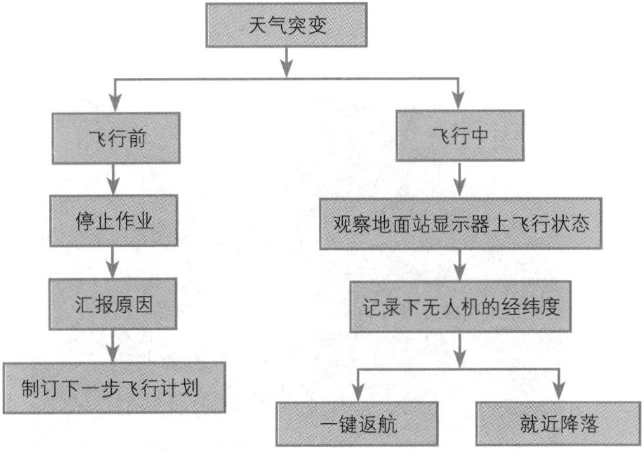

天气突变

- 飞行前
  - 停止作业
  - 汇报原因
  - 制订下一步飞行计划
- 飞行中
  - 观察地面站显示器上飞行状态
  - 记录下无人机的经纬度
  - 一键返航 / 就近降落

天气变了

天气突变

三 设备异常

1. 螺旋桨失速

无人机失速

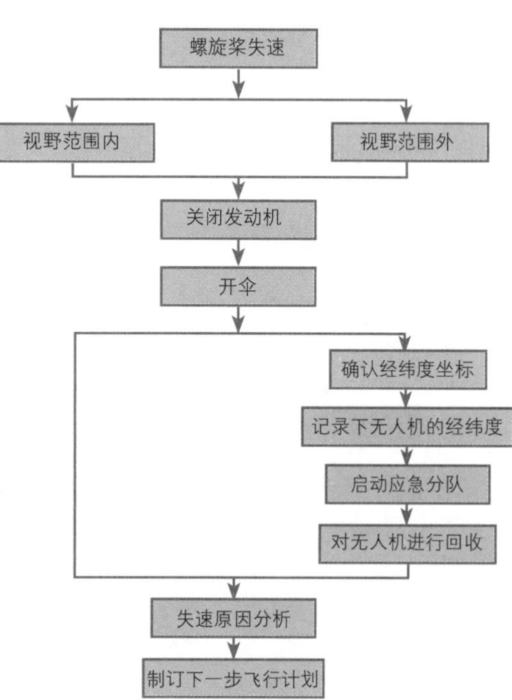

2. 电磁干扰

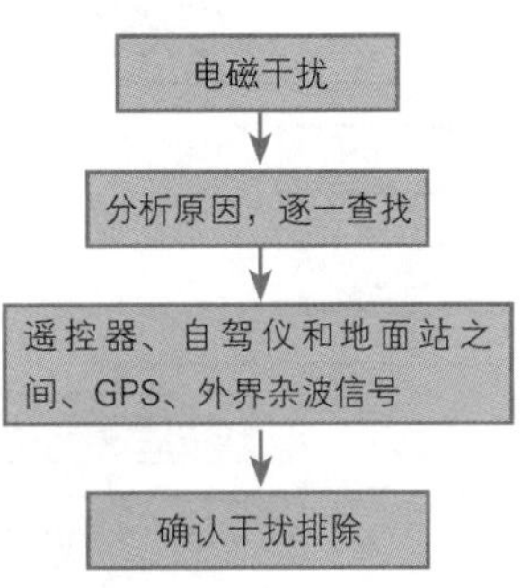

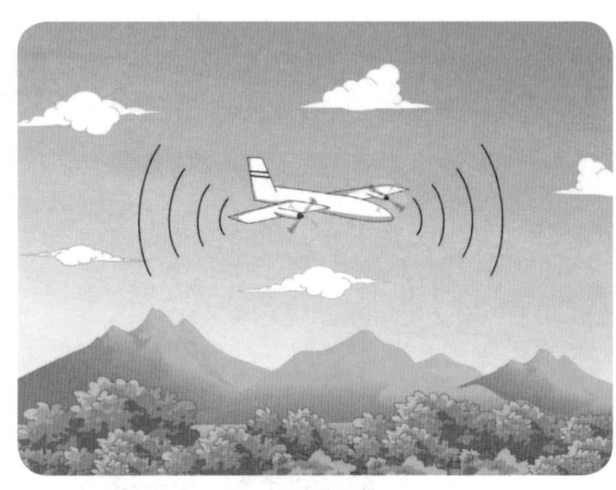

电磁干扰

3. 机体损坏

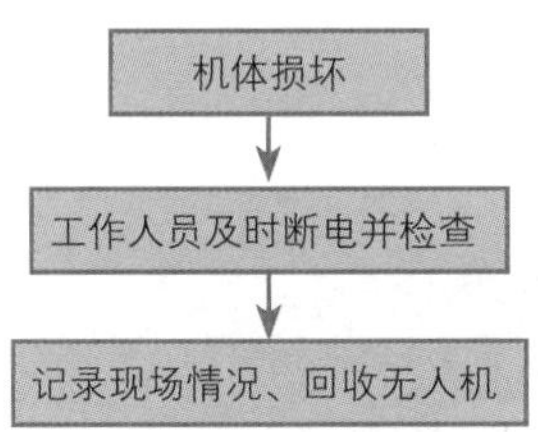

机体损坏

4. 供电系统

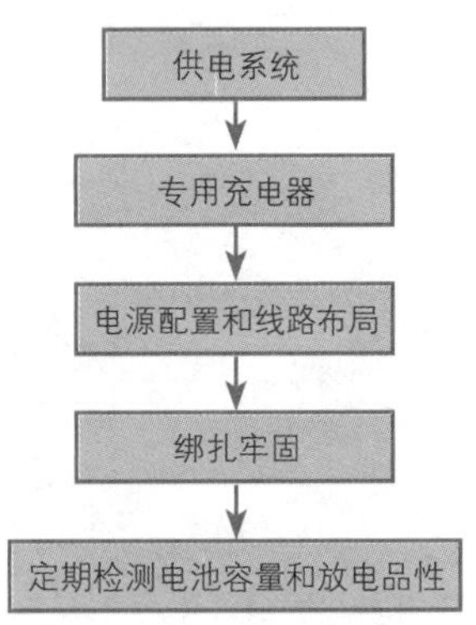

供电系统异常

四 坠机处理

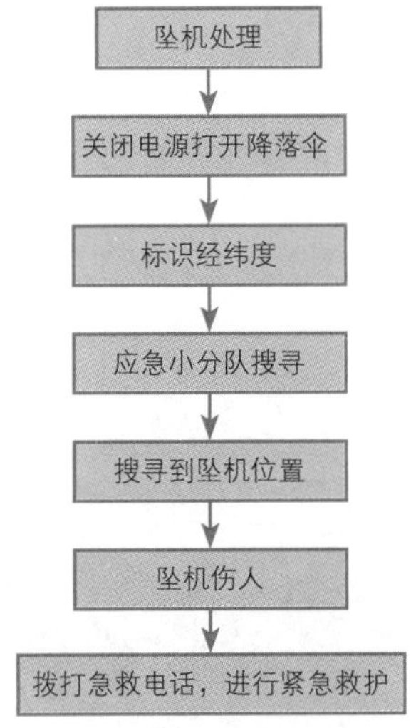
坠机处理
关闭电源打开降落伞
标识经纬度
应急小分队搜寻
搜寻到坠机位置
坠机伤人
拨打急救电话，进行紧急救护

120

无人机坠机

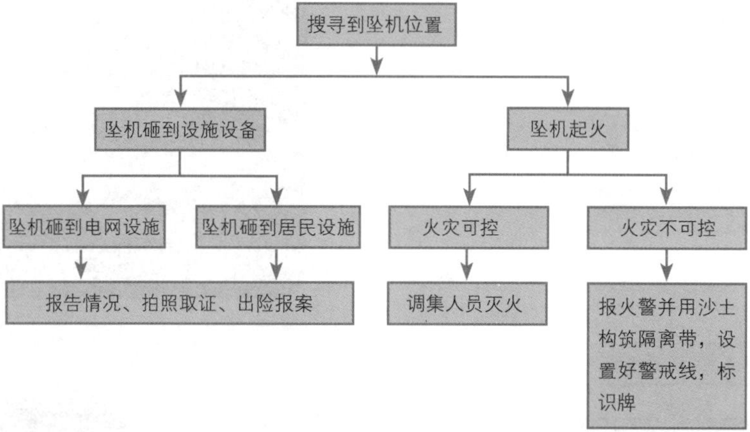

搜寻到坠机位置

坠机砸到设施设备

坠机砸到电网设施

坠机砸到居民设施

报告情况、拍照取证、出险报案

坠机起火

火灾可控

调集人员灭火

火灾不可控

报火警并用沙土构筑隔离带，设置好警戒线，标识牌

无人机意外坠机

Part 6

典型应用篇以固定翼无人机巡检输电线路的典型应用为主要内容，对固定翼无人机的具体应用进行了阐述。

本篇主要包括日常巡检、灾后巡检、专项督查，介绍了固定翼无人机输电线路巡检作业典型应用经验。

典型应用篇

固定翼无人机具有全程自主飞行的特点，巡航速度 60 ~ 120km/h，主要适用于开展输电线路通道巡检、灾情普查，其飞行稳定性和可靠性、续航时间、巡检视频和图像质量等目前可满足线路通道巡检需要，可快速发现通道内固定或流动作业、山火、违章建筑等外破隐患，在灾害情况下，可迅速确定受灾范围，评估受灾情况。

一 日常巡检

1. 通道普查

通过通道普查，可以快速对掌握输电线路本体和走廊内的实时情况，例如导地线上异物悬挂，走廊内是否有高大树竹或导线下方违章施工、建房等。

通道普查

2. 线路通道防外破

由于输电线路杆塔多地处山区，通过无人机拍摄的照片可以分析出重要交跨及人员密集区的施工状态，具有响应灵活、效率高的特点。

线路通道防外破巡查

二 灾后巡查

1. 冬季线路覆冰雪普查

在雨雪、冰冻灾害期间，可以通过采集的巡检图片，清晰判断出杆塔无覆冰雪、轻微覆冰雪、严重覆冰雪，实现对高海拔山区输电线路覆冰冻快速侦查。

杆塔无覆冰

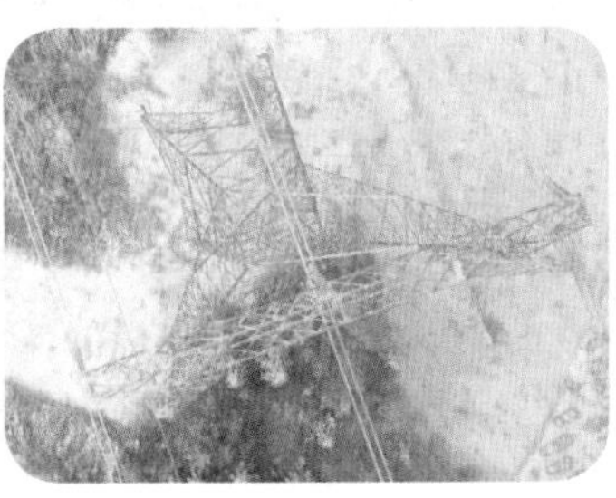

杆塔轻微覆冰

杆塔严重覆冰情况

2. 夏季台风灾区普查

利用无人机航空遥感系统提供的灾情信息和图像数据可以进行灾害损失评估与灾害过程监测，估计灾害发生的范围，准确计算受灾面积及其灾害损失评估。

应用无人机普查跳闸线路倒塔断线灾情，可为全面准备抢修物资和科学安排电网调度快速提供依据。

倒塔、断线、绝缘子掉串、泥石流等故障

3. 防山火

目前，主网线路大多都处在森林植被密集的山区，加上天气干燥，特别是清明、秋冬季极易发生山火。因此开展防山火全线排查，防山火隔离带巡查，火源点监测等巡视工作极为重要。

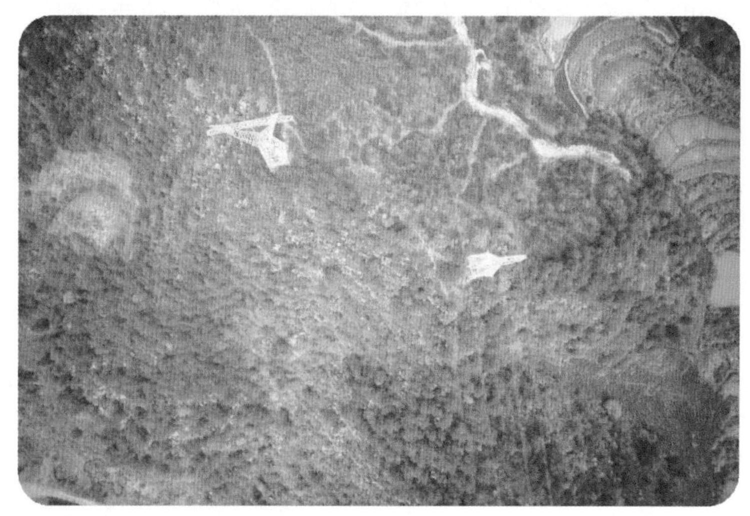

防山火巡查

4. 洪涝灾害和泥石流

利用航拍照片来对洪涝灾害进行监测，可以及时掌握洪涝灾害的范围。对于山体滑坡和泥石流等重大地质灾害，可以分析灾害严重程度及其空间分布，能够监测其动态变化，为准确的预报提供基础数据。

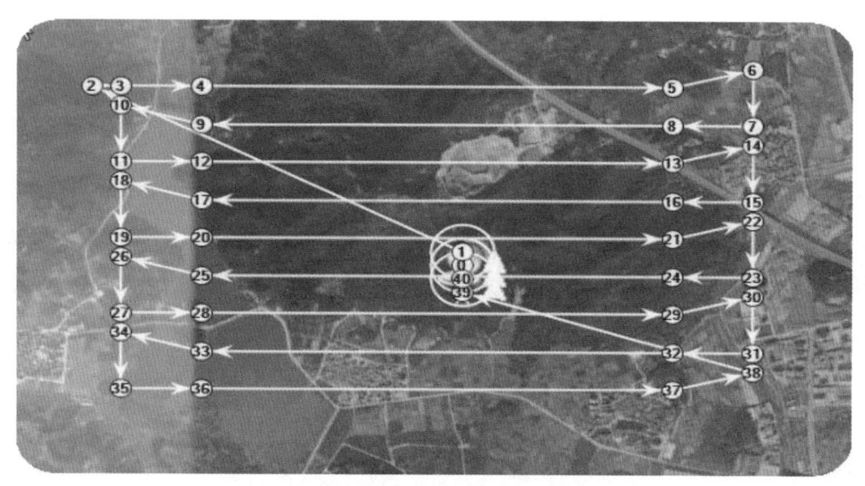

重要区域“蛇形”网格化飞行巡查

三 专项督查

输电线路基建专项督查如下：利用无人机进行专项督查工作，具有较强的隐蔽性，可以获得准确的第一手信息资料。

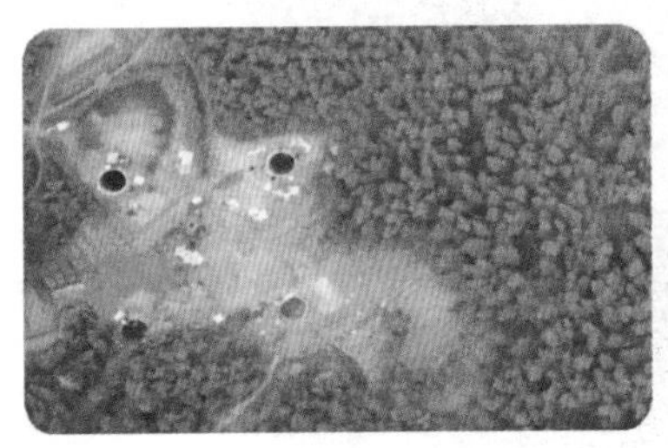

基建施工监察

线路立塔作业监察

吊机作业监察